教育部人文社会科学研究青年基金项目研究成果

（项目批准号：18YJC760032）

REINVENTION OF TRADITION

RESEARCH ON INNOVATIVE DESIGN OF FOLK HOUSES IN THE WEST GUANZHONG OF SHAANXI PROVINCE

传统的再造

陕西关中西部民居创新设计研究

降波/著

中国社会科学出版社

图书在版编目(CIP)数据

传统的再造:陕西关中西部民居创新设计研究/降波著. —北京:
中国社会科学出版社,2022.4
ISBN 978 - 7 - 5203 - 9948 - 7

Ⅰ.①传… Ⅱ.①降… Ⅲ.①民居—保护—研究—陕西
Ⅳ.①TU241.5

中国版本图书馆 CIP 数据核字(2022)第 046631 号

出 版 人 赵剑英
责任编辑 张 玥
责任校对 刘 娟
责任印制 戴 宽

出 版 中国社会科学出版社
社 址 北京鼓楼西大街甲 158 号
邮 编 100720
网 址 http://www.csspw.cn
发 行 部 010 - 84083685
门 市 部 010 - 84029450
经 销 新华书店及其他书店

印刷装订 北京君升印刷有限公司
版 次 2022 年 4 月第 1 版
印 次 2022 年 4 月第 1 次印刷

开 本 710×1000 1/16
印 张 19.25
插 页 2
字 数 284 千字
定 价 108.00 元

目录
CONTENTS

探寻生存智慧的钟情足迹

民居是中华文明长河中具有本原特色的重要支流。

民居凝聚着一个地域的居住历史与文化，凝聚着人类的生产方式与生活行为的丰富信息，自然成为人类活动与交流的重要依托，并从不同侧面反映出一个地方的风土人情。

陕西民居在关中、陕北、陕南三个不同区域特征的基础上，自然形成了各自鲜明的差异性特色。陕西民居最能直接反映不同时期典型的文化特性，同时也体现了"一方水土养一方人"的自然特质，以及天人合一的哲学思想。

陕北窑洞民居是低成本、低污染、低能耗的生土自然生态建筑形式，是黄土高原天然生土建筑的代表。窑洞隐藏于土层之中，大多依地形而建，靠山式与独立式窑洞是陕北民居最为典型的形制。窑洞民居冬暖夏凉，是不占用良田土地、不破坏生态、不带来任何污染的绿色居住环境空间，是黄土高原文化的重要特征，也是我国建筑文化的宝贵遗产之一。

陕南民居由于地处关中以南的秦玲山脉，并与湖北、四川、河南相交连，故居住环境与生活行为也受其影响，民居营造呈现出多元化形式，颇显其丰富多样性风格，略显质朴、简约及含蓄平和之气。陕南民居大多随山而建，因地制宜地产生了多样居住形制的山地民居。这类民居既有传统夯土构造，也有土木构造、砖瓦（石）构造，以及石板构造等多种构造形式。民居院落也形式了"一字型""一正两厦""三合院""四合院"包括"曲尺型"（亦称"钥匙头"）

等多样性特征。

关中民居是陕西民居中最具代表性的居住典型，其格局、建造方式、民居形制更具有鲜明的皇家气象，并受到不同时代（周、秦、汉、唐、明、清）都城营造的影响，传统民居多为官僚府邸和地主富商两大类型的豪门大宅与村落中大量普通类型的合院形式民居。

关中从东部（东府）至西部（西府），呈现出和而不同的面貌。关中东部地区（韩城、蒲城、合阳、大荔），以渭南为中心的周边几个县市，民居恢宏大气、颇具规模，最具代表性的应属韩城、蒲城、合阳、白水等渭北诸县，至今仍能看到形态格局较为完整的村落。如韩城古城及党家村聚落现状风貌，特色鲜明、叹为观止。而咸阳地区民居也同样有其不凡的气度风范。如旬邑县的唐家大院、三原县周家大院，以及当下结合乡村振兴、美丽乡村建设所呈现的袁家村街巷与院落，大多为三进或三进以上的合院形制院落。以宝鸡市为主的关中西部地区也仍然保持这种格局风貌，如凤翔县城的周家大院、刘淡村的马家大院以及扶风温家大院、千阳黄家大院等典型院落。这类院落结构不少是由多个独院沿纵向（南北走向）重复组合而成。

关中的中部西安周边，民居风貌更为突出，具有皇城气质。因受汉唐都市格局影响，又处在"八百里秦川"之腹地，传统民居直接体现了秦风唐韵的渗透，居住形式强调"天圆地方、天人合一"的哲学思想，其豪门大宅多采用纵向多进式、横向联院式的构成组合，或三进，或两进两跨，亦有三进两跨。其形制严谨、建造考究、装饰精湛，成为陕西传统民居中的代表风格。如西安北院门 144 号高家大院、灞桥洪庆张百万张家大院等。

本人自 19 世纪八十年代初，在执教西安冶金建筑学院建筑系（现西安建筑科技大学建筑学院）期间，就对陕西传统民居颇感兴趣。曾受邀参与刘振亚、张壁田等教授编著的《陕西民居》（1989年由中国建筑工业出版社出版）专著的编撰，之后又参与了中日建筑界学者团队共同进行的陕西韩城党家村联合调查，研究与保护这处传统聚落，并参与编著了《韩城村寨与党家村民居》（1998 年由中国建筑工业出版社出版）一书。需要强调的是，在西安美术学院创建建筑环境艺术系的十余年中，陕西民居的课题研究吸引了世界建筑大师罗伯特·文丘里夫妇的注意，二人专程来校参与了《陕北窑洞民居》项目，本成果已于 2010 年由中国建筑工业出版社出版。2014 年又一省级课题《陕西关中民居门楼形态及居住环境研究》，由陕西出版传媒集团作为重大出版项目出版。去年岁末又再次主编完成《陕西民居》专著，由陕西教育出版社列入国家十三五出版计划项目出版。在教学过程中，陕西民居生态环境的研究早已列入一项可持续的专业教育，从教学与研究的角度对陕西民居进行保护与传承。

执教 40 余年，与陕西民居结下了不解之缘。无论是在西安建筑科技大学建筑学院，还是调回西安美术学院创办建筑环境艺术系，对陕西民居的研究从未放弃，并始终将其视为重要的"设计基础教育"，让学生从中认识民居与居住的本源。几十年中培养了一批又一批优秀的建筑师、室内设计师、城市规划师、景观设计师以及城市环境艺术的设计专业人才。

眼前看到由我校培养的毕业生降波，现为宝鸡文理学院副教授，其教育部 2018 年人文社会科学研究（项目编号：18YJC760032）结项成果《传统的再造——陕西关中西部民居创新设计研究》的专著将要正式出版，甚为高兴。这从一个侧面体现和反映出在建筑与环境艺术设计教育这块田地里，硕果累累。"种瓜得瓜，种豆得豆"，短短几年中，降波取得的多项成果均来自对陕西关中西部地区传统民居的深入探讨与深度研究。他带领学生长期扎根关中西部的村镇及农户院落，进行实践教学，不断发现传统民居的古迹遗存并为此做出了较为系统地梳理，足迹遍及陇县、千阳、凤翔、扶风、岐山以及凤州（县）等区县的田野乡间，甚至跑坏了汽车发动机。只有搜尽奇峰，方能获取庐山真面。而今，他手中的不少影像已经成为永远看不见实物的重要历史文献。

从降波身上我还看到了，我们在设计教育主旨与方向的成功，也更加自信坚持本土与地域文化传承和研究的必要性，关陇民居的持续研究，后继已有人才。

西安美术学院二级教授　博士研究生导师

享受国务院特殊津贴专家　陕西省教学名师

吴　昊

2021 年 10 月 16 日于西安美术学院听雨轩

引　言

　　"天有时，地有气，材有美，工有巧，合此四者，然后可以为良。"①
这是两千多年前我国先秦时期的工艺著作《考工记》对手工造物观
的记载。这句话正是对我国形色各异的传统民居的真实写照。民居
宛如我国传统建筑中的一朵奇葩，是最生态、最朴实、最生活化和
最人性化的建筑类型，更是一个地区人文、民俗、材料和科技的具
体体现。

　　陕西关中西部地区是中华传统文化的重要发祥地，五千年的华夏
文明在这一地区留下了大量的历史文化遗产，不论是帝王的宫殿、陵
寝，还是出土的中华石鼓和青铜重器，都在我国乃至世界留有深远的
影响。除此之外，该地区的传统民居作为一份十分珍贵的民间文化遗
产，大量散落于这片沃土的田野乡间。它们具有"厚重的文化积淀、
多样的院落结构、异样的建筑形态、考究的营建技艺"等特点，闪耀
着简约节制的生态思想和天人合一的营造理念，是这一地区的先民们
千百年来与大自然抗争和融合的智慧结晶，也是这一地区农耕文化、
地域文化和民俗文化的综合载体，更是新时期美丽乡村建设和乡村振
兴的重要组成部分。

　　但是，在近二十年内由于各种因素，陕西关中西部地区的传统民
居从城市到农村正犹如蚕食一般在不断被拆除、遗弃。虽然，近些年
来随着我国传统文化全面复兴工作不断的推进，对传统民居发掘、拯

---

① 杨天宇：《周礼译注》，上海古籍出版社 2011 年版，第 233 页。

救、保护的力度也在逐步加大，但这一地区传统民居的保护形式仍然较为单一，保护效果甚微。陕西关中西部地区的传统民居是该地区建造技艺、区域风情、民俗文化、生活观念、处世哲学的缩影，通过融合相关产业进行保护性再造，能够保护该地区的传统建筑遗产，丰富该地区传统民居的保护方式，传承该地区传统民居的营建技艺，同时能够以再造的传统民居为载体把陕西关中西部地区的农耕文化、地域文化和民俗文化"保下来、串起来、亮出来、活起来"。

第一章　陕西关中西部地区概观

陕西由千沟万壑的陕北高原、宽敞平整的关中平原和山清水秀的陕南山区三个部分组成。其中，位于函谷关、大散关、武关和萧关四关之中、东西延展八百余里的关中平原自古以来就是一个极具政治、经济和军事意义的重要地区，在汉代司马迁《史记·秦始皇本纪》中就记有"秦地披山带河以为固，四塞之国也。"这里南依秦岭，北靠山脉，渭水自西向东从中间的谷地穿过，常年日光充裕，降水均衡，适合农业生产，适宜人类居住，素有"八百里秦川"的美誉。

第一节　陕西关中西部地区的行政区域

陕西关中西部地区就是位于这"八百里秦川"最西侧三百余里的特指，俗称"西府"，亦称"西秦"。该地区地处东经106度18分至108度03分，北纬33度35分至35度06分，东西长156.6公里，南北宽160.6公里，总面积18117平方公里，是陕、甘、宁、川的接合部，处于西安、成都、兰州、银川四个省会城市的中心位置。在行政区域的划分上东接咸阳市和杨凌示范区，南连汉中市，西与甘肃省天水市接壤，北与甘肃平凉市所毗邻。陕西关中西部地区现在主要包括宝鸡市所辖的渭滨、金台、陈仓、凤翔四个区和岐山县、扶风县、千阳县、麟游县、太白县、陇县、眉县、凤县八个县，以及咸阳市武功县和西安市周至县的部分区域。这一地区是我国农业、工业和文化较为发达的地区之一，是陕西省重要的粮食和经济作物的产区，也是我国 1949 年后重点建设和发展的重工业基地。在新中国"一五"计划、"二五"计划和"三线建设"时期，本地区就已经成为我国的重点工业中心之一，经过国家 70 多年的努力，已发展成为以国有大中型企业和国防军工企业为骨干，以重型汽车制造和汽车零部件加工、数控机床制造、石油装备制造、航空安全装备、桥梁与轨道交通设备制造等产业为支柱的门类比较齐全的重要工业基地。2009 年被国务院批复为"关中天水经济区"的副中心城市和我国"一带一路"战略背景下"新丝绸之路"中线的主要城市。

第二节　陕西关中西部地区的地形地貌

陕西关中西部地区位于喜马拉雅运动时期所形成的巨型断陷带——渭河盆地最西侧，夹持于陕北高原与秦岭山脉之间。该地区地质结构复杂，东、西、南、北的地貌差异较大，具有南、北、西三面环山，以渭河为中轴向东拓展，自西向东呈尖角开口槽形的特点。这里山、川、塬兼备，由山地、丘陵、黄土台塬、河谷平原四种地貌组成，平均海拔 618 米（图 1-1）。其中，古冰川作用和流水侵蚀剥蚀的石质山地主要分布于太白县、凤县、陇县、千阳县、岐山县、麟游县，海拔在 1000—3767 米；薄层黄土覆盖古地貌石山的丘陵主要分布在麟游县、千阳县、陇县境内以及凤翔、岐山县的北部和陈仓区县功西部等地，海拔在 1000—1400 米；经流水切割的黄土台塬主要分布于凤翔区的南部、岐山县和扶风县的中部、眉县境内秦岭北麓的山前地带以及陈仓区贾村原、金台区陵原等地，海拔在 700—900 米；渭河长期冲淤和移荡形成的河谷平原主要分布于宝鸡市区的渭河两岸，由河漫滩和一、二、三、四、五级阶地组成，海拔在 500—800 米。总体面积的占比为山地占 56%；丘陵占 26.5%；川原占 17.5%，呈"六山一水三分田"之势。陕西关中西部地区山地和丘陵地区林业畜牧业发达，平原和台塬地区土质肥沃，水源丰富，河流纵横，灌溉渠网交织，农业生产条件优越，是陕西自然条件最好的地区之一，便于人类生存生活，特别是在台塬地带曾是古代人们开发和利用的重点区域。

图1-1 关中西部地区城市地貌

图片来源：作者摄于金台区马家塬。

第三节　陕西关中西部地区的自然气候

陕西关中西部地区地处我国内陆中心腹地，属于中纬度暖温带半湿润气候，全年气候变化受东亚季风和高原季风的影响，气候温和，光照充足，四季分明。冬季寒冷干燥；夏季温热多雨和炎热干燥的天气交替出现；春、秋两季处在冬夏季风调整交替的过渡时期，春季升温迅速且多变少雨，秋季降温迅速多阴雨连绵，为整个关中地区秋季连阴雨最多的区域，全年平均降水量在590—900毫米。由于该地区地形复杂，地貌差异较大，海拔高度差异悬殊，北部为低山丘陵气候，中部为渭河平原以及川、塬气候；南部和西部分为秦岭山地气候和关山山地气候，因此气温、降水差异都较为显著。境内的年平均气温，渭河平原谷地为12℃—14℃；北部山地为8℃—10℃；西北部的关山和秦岭山脊一带为5℃—6℃。降水上则呈现出在最大降水量带高度以下，降水随高度升高逐渐增加；在最大降水量带高度以上，降水随着高度的升高而逐步减少的特点。其中，秦岭南坡的最大降水量带，高

度约 1800 米，在此高度之下，降水量随高度的升高而增加，大约每升
高 100 米，降水量平均增加 20 毫米左右；在此高度之上，降水则随高
度的升高而减少。秦岭北坡的最大降水量带，高度在 1000—1400 米，
在此高度之下，每升高 100 米，降水量平均增加 70 毫米左右；在此高
度之上，降水量则随高度的升高而逐渐减少。处于秦岭北坡海拔 700
米等高线以上的整个宝鸡南部山区，年平均降水量均在 700—1000 毫
米，而处于秦岭以北的宝鸡北半部地区，年平均降水量一般在 500—
700 毫米。其中峡石镇以西的西部山区，可达 700 毫米以上，县功至千
阳的谷地以及陈仓、眉县至扶风一带，年平均降水量最少，不足 600
毫米。

第四节　陕西关中西部地区的人文历史

在我国漫长的农耕历史时期，水源对于人类的择居起着至关重要
的作用，被华夏儿女亲切地誉为"母亲河"的黄河从青藏高原一泻而
下，奔腾万里，哺育中华，在我国的版图上成"几"字形状。陕西关
中地区犹如母亲怀抱中的孩子，备受呵护与关爱。关中自古以来土地
肥沃、水草丰盈，人类生活历史久远，位于大散关以东的关中西部地
区，河流众多，黄河的第一大支流渭河从这一地区由西向东横穿而过，
适宜农耕生产与人类的繁衍生息。早在远古时期该地区就是中华先民
的定居地之一，经文化考古发掘证明，被确定为人类史前的文化遗址
有 700 多处，其中仰韶文化遗址的数量就占据了全国的 20%。大量的
遗址遗物说明，这里的民族聚落分布密集（图 1 - 2）。位于宝鸡市金
台区金陵河西岸台地之上的北首岭遗址（图 1 - 3）距今已有 7100 多
年，比闻名遐迩的西安半坡遗址还要早 400 多年，而关桃园遗址的发
掘更是将开启关中西部地区文明的时间提前到了 8000 多年前。

陕西关中西部地区是我国传统文化（姜炎文化、周秦文化）的重要
发祥地。早在《国语·晋语》就载有"黄帝以姬水成，炎帝以姜水成，
成而异德，故黄帝为姬，炎帝为姜。"《水经·渭水注》云："岐水又东
迳姜氏城南，为姜水。"明《一统志》记："宝鸡县南七里，有姜氏城，

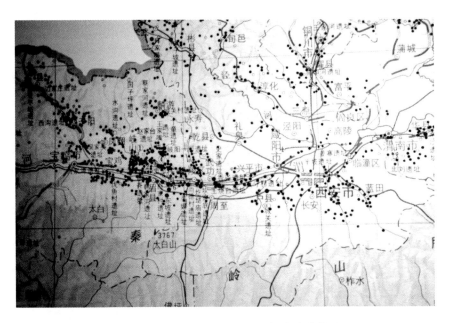

图 1 - 2 陕西关中地区仰韶文化遗址分布图

图片来源：作者摄于宝鸡市北首岭博物馆。

图 1 - 3 北首岭遗址

图片来源：作者摄于宝鸡市北首岭博物馆。

南有姜水，炎帝长于姜水即此。"今宝鸡市区渭河以南有姜水，亦有姜城，无论市区说还是岐山说均表明炎帝是发祥于渭水中游、姜水流域一支较大的氏族部落，并在此繁衍壮大后沿渭水向黄河流域下游发展与轩辕黄帝部落联盟融合，形成了中华民族的主体。此外，在该地区的岐山、扶风和漆水河下游一带，曾是周先祖有邰部落的活动地区。此地姜嫄遗址犹存，后稷在这里诞生，公刘由此迁豳，至古公亶父时期，为避戎狄侵扰，率部族翻过梁山，循着漆水，到达周原，构筑宫室，建都岐邑（图1-4）。① 今在该地区岐山、扶风一带周原遗址（图1-5）中发掘出的凤雏建筑基址（图1-6）、召陈建筑基址（图1-7）以及毛公鼎、大克鼎、何尊等精美的青铜器和20000多片西周甲骨的出土文物，是目前我国西周文化遗址中面积最大、文化内涵最丰富、已出土文物数量最多且精品最多、最具代表性的遗址，是周文化核心地区最有力的佐证。同时，我国第一部诗歌总集《诗经》，很大一部分内容与该地区的悠久历史与风土民情相关。赞扬周先祖功德的《颂》，叙述西周历史人物的《雅》，描述秦族征战生活的《秦风》，许多都是这一地区历史的印记。② 众多的历史传说、考古发掘和史料记载表明，黄河流域是中华文明的摇篮，而黄河文明的核心之一则是渭河流域的陕西关中地区，关中西部地区的辉煌历史则是渭河流域中最为浓重的一笔。

图1-4 西周都城流变图

图片来源：作者摄于扶风县周原博物馆。

---

① 参见宝鸡市地方志编纂委员会《宝鸡市志》，三秦出版社1998年版，第1页。
② 参见宝鸡市地方志编纂委员会《宝鸡市志》，三秦出版社1998年版，第2页。

**图 1 - 6   西周凤雏甲组建筑
基址复原模型**

图片来源：作者摄于扶风县周原博物馆。

图 1 - 5   周原遗址

图片来源：作者摄于岐山县凤雏村。

图 1 - 7   西周召陈建筑基址

图片来源：作者摄于扶风县召陈村。

第二章　陕西关中西部传统民居的历史及成因

陕西关中西部地区作为中华文明的重要发祥地之一，人类活动历史久远，传统民居历史悠久，且都依托于地域所特有的自然环境而产生，多是选择有利的风土、水火与气候条件而建造。同时根据中国古代"天人合一"的传统思想观念，各种因素之间既相互联系又相互制约，均与关中西部地区的实际情况相适应，因地制宜，因材致用，适应环境，融合生态。这里的传统民居格局严整、秩序强烈，不论是"合院民居"还是"窑洞民居"均能反映出社会生活中人与人的关系和应当遵守的伦理规范，是一种内涵极为丰富的文化形态。它们融于地方的自然生态环境，并体现着这一地区居民的文化、传统和社会习俗。

第一节　陕西关中西部传统民居的历史沿革

陕西关中西部地区的传统民居可以根据我国历史社会形态可以大致分为原始社会时期、奴隶社会时期、封建社会时期和近现代时期（半殖民地半封建社会和社会主义社会），每个时期由于生产力水平的不同和社会制度的不同，传统民居也呈现不同的形式与居住文化。

一　原始社会时期

在人类早期的历史发展中，由于生产力水平较为低下，原始人类通常通过广泛地寻找和使用天然洞穴来作为自己居住的栖身之所。这

一时期人类的生活完全依附于自然，利用自然来满足原始人类对于生
存的最低要求，以此种方式来解决人类最初的居住问题。虽然这种
"穴居"的居住方式还不能算是人类自己创造的建筑物，但是这种依
靠天然洞穴而进行居住的生活方式为人类早期的生存提供了最原始的
居所，亦可称为是传统民居建筑的雏形。进入新石器时代后，随着磨
制石器工具的出现，生产力有了一定的提升，人类对自然的改造能力
大幅提高，挖掘土窑和树上架设巢居成为人类主要的两种居住方式。
陕西关中西部地区人类历史活动久远，拥有众多新石器时期的文化遗
存，其中位于金陵河西岸的北首岭遗址是较为完整的仰韶文化时期建
筑遗址原始聚落（图2-1）。这一时期的氏族社会过着以农业为主的
定居生活，人类已经可以利用石斧、石锯、石凿等建筑工具，结合草、
木、泥等材料建造房屋，构筑半穴居建筑这种最为初级的民居建筑形
制（图2-2）。根据考古发现，可以明显看出该地区的住房已经由早
期的半穴居发展至后期地上建筑的过程（图2-3），大致历时三四百
年，在咸阳武功游凤出土的半坡陶屋中还发现了迄今为止最早的有门
的传统民居模型。半穴居建筑的出现，形成了传统民居建筑的雏形，
这也证明了人类在传统民居的建造和居住上不再是单一的利用自然，

图2-1 北首岭房屋基址复原模型

图片来源：作者摄于宝鸡市北首岭博物馆。

而是对大自然利用和改造相结合，这开启了新的历史。

图 2 - 2　北首岭房屋遗址外部复原模型

图片来源：作者摄于宝鸡市北首岭博物馆。

图 2 - 3　北首岭房屋遗址内部复原模型

图片来源：作者摄于宝鸡市北首岭博物馆。

二　奴隶社会时期

原始社会末期，由于社会生产力的发展，生产水平大幅提升，同时出现了社会的分工，导致了阶级分化和奴隶制社会的形成。这个时期，生产工具的材料逐渐由石器、骨器等原始材料发展为金属材料，文化方面也出现了通过甲骨文、金文等信息传递的载体。在春秋时期由于社会思想领域的活跃和繁荣，更是出现了儒、墨、道、法等学派之间的诸子百家争鸣，传统民居建筑在此背景环境的影响下也有了长足的发展。

夏朝是我国奴隶社会的第一个朝代，当时的建筑实物今已无存，文献及史证资料也较为匮乏，因此对当时传统民居建筑形式的考证较为困难，只能通过史料的记载来证实当时的帝王宫殿多为高台建筑，并且建筑中已有大量成排的支柱运用，室内功能划分的现象也较为普遍，此外夯土技术在这一时期也已经开始应用并推广。但是，由于这个时期统治阶级的压迫和森严的等级制度，传统民居并没有大的发展。商代持续的五个多世纪，是我国奴隶制社会发展的重要时期，大量的考古遗址发掘表明，这一时期建筑的建造技术已经有了大幅提升，除了有建筑的基址以外，还有夯土基槽、夯土墙体、石墙等遗址，但是遗址大都是某种礼仪性质或宫殿等等级较高的建筑。周朝是"华夏"一词的创造者和最初指代，在这个时期里，中国的版图进一步扩大，经济和文化也都有了较大的提升。[①] 陕西关中西部地区是周朝的重要发祥地，西周的古遗址群也主要在该地区的凤翔区和岐山、扶风、武功三个县。其中在周原遗址考古中发掘出的大量建筑基址和出土文物表明，这一时期的建筑无论是宫殿还是民居在建筑的艺术和技术上皆已具有了一定的水平。位于岐山县凤雏村的凤雏西周遗址，是我国史料考证最早的合院式建筑，由两进院落组成，为对称的四合院形式，中轴线上依次为影壁、大门、前堂、后室，前堂与后室之间有廊联结，门、堂、室两侧为通长的厢房，将庭院围合成封闭的空间，房屋基址下设有排水的陶管和暗沟，用来排除院内雨水（图2-4），屋顶采用

---

① 参见吴昊《陕西关中民居门楼形态及居住环境研究》，三秦出版社2014年版，第11页。

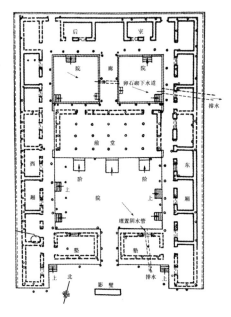

图 2 - 4　西周凤雏甲组建筑
基址平面

图片来源:《中国建筑史》,潘谷西,2004。

了这一时期建筑上最有突出成就的瓦来覆盖。它的平面布局以及空间组合的本质与后世两千多年封建社会北方的四合院建筑并无不同,这种建筑的组合变化体现了当时人们的生活方式和思想观念的变化,也说明了当时封建主义的萌芽已经产生。

三　封建社会时期

中国封建社会开始于公元前475年的战国时代,结束于1840年鸦片战争,经历了漫长的两千余年。陕西关中西部地区的传统民居和我国其他地区的传统民居一样在这一时期经历了发展、完善、成熟到定型的不同阶段。

战国时期得益于农业和手工业的进步以及斧、锯、凿等新工具的广泛使用,建筑技术有了长足的发展。在各个诸侯宫室的建筑中已经普遍使用瓦来覆顶,诸多的战国考古遗址中都出土了筒瓦、板瓦、瓦当等器物,此外这一时期斗拱也开始出现与建筑中。秦汉至南北朝时期,是中国封建社会的初期,也是中国建筑规模化和高速发展的时期。特别是在两汉时期,社会繁荣稳定,经济稳步发展,先进的生产力加速了建筑的进步,木构架建筑日趋成熟,砖石和拱券结构有了较大发展。这一时期,虽然贫苦的百姓居住依然简陋,但是官僚富商的住宅已经有了极大的改进。此外,这一时期推崇儒家学说,礼仪制度上讲究尊卑有序,因此宅邸布局大多都为前堂后寝、左右对称、主次分明、正厅高敞,并且这种制度和建筑形制一直延续到封建社会的结束。①

① 吴昊:《陕西关中民居门楼形态及居住环境研究》,三秦出版社2014年版,第12页。

三国两晋南北朝时期，随着外来文化和少数民族进入中原，带来了的不同生活习惯，对建筑样式、室内环境和家具都有一定的影响，传统民居的建造更加重视宗法制度，同居共财。同时南北朝时期佛教盛行，士大夫们向宗教寻求精神寄托，舍宅为寺之风在民间广为盛行。这一时期的传统民居显现出了风格朴实，形式多样却又精工细致的特色。隋唐时期，是中国封建社会的鼎盛时期，经济、政治、军事、文化等各个方面逐渐发展成熟并趋于全盛。社会的稳定和经济的发展为传统建筑的发展提供了绝好的条件，传统民居的建筑和艺术都得到了高度发展。这一时期的民居用地皆取正向轴线布局，依托十字街以及曲巷设置，四周有坊墙，对着横街或者十字街设有东南西北坊门，整个城区建筑方正、统一规整、条理清晰，民居住宅均为合院住宅，当时称为"四合舍"。宋代在经历了魏晋的脱俗与隋唐的开放大气后逐渐开始向精致、内敛和华丽转型。这一时期的民居建筑已经拆除了坊墙，入口亦可临街开设。院落形制受到礼制和家族制度的影响，大型四合院的布局和使用要求被限定，从北宋著名画家张择端的《清明上河图》中可以看出，这一时期的民居居住等级的差异显著，贫民普遍为草屋，两间或三间；富商或官僚随着财富和地位的不同不仅形制多样，规模也不断扩大。但是这一时期的传统民居总体上已经显示出更加追求精致、注重细节、喜好装饰的特点。辽、金、元时期少数民族入主中原，民居建筑广泛吸收各族文化，在传统形制上注入了新的元素，出现了游牧建筑和西域建筑。民居建筑总体在沿用唐宋朝风格的基础上，改变了里坊制民居规划模式，提高了居住用地的利用率，同时交通也更为便利。明清时期是继秦汉、唐宋之后的第三次高峰，也是传统民居建筑的成熟期和定型期。从这个时期开始，现存的传统民居建筑实例增多，通过对实物和史料的分析可以看出，明代有着最为详尽和细致的民居建筑宅第规定，朝廷对各屋的间架、屋面形式、屋脊用兽、斗拱的使用、门窗油饰颜色、门的等级等方面均有要求。这一时期由于儒学思想的统治地位以及建筑材料和技术不同、自然地理环境的差异和民风民俗的异同，总体上形成了窑洞式、合院式、天井式等多种传统民居的形式。清代作为封建社会的最后一个王朝，由于经济、文化和政治等方面的变化和发展对传统民居产生了巨大的影响。这一时期陶瓷、玻璃、珐琅的制作有了飞速发展，促使了砖雕、木雕、石雕三雕技艺的成熟，并将它们广泛运用到传统民居的建筑装饰中。陕西关中西部地区在这一时期的村落和民居建设不断扩大，目前留存的传统民居院落也大都始建于这个时期，且出现了一大批像凤翔周家大院（图2-5）、凤翔马家大院（图2-6）、陇县杨家大院（图2-7）、千阳刘家大院（图2-8）等院落递进有序、建筑结构考究、建筑装饰精美的传统民居院落。清代的民居建筑与明代相比构思更加巧妙且丰富多彩，民居形制也经历了沿袭明代制度从完善自我风格到脱离古典轨迹，然后到形式多元的三个阶段。这一时期的传统民居起到了承上启下的作用，是陕西关中西部地区传统民居走向成熟并形成这一地区特有建筑形制的定型时期，也是传统民居向近现代民居转化发展的重要时期。

图2-5 凤翔周家大院全貌

图片来源：作者摄于凤翔区通文巷。

图 2 - 6　凤翔马家大院门房

图片来源：作者摄于凤翔区刘淡村。

图 2 - 7　陇县杨家大院正房

图片来源：作者摄于陇县儒林巷。

图 2 – 8　千阳刘家大院厅房

图片来源：作者摄于千阳县启文巷。

四　近现代社会时期

清末民初，在西方军事、政治、文化的冲击和影响下，陕西关中西部传统民居建筑多以西方建筑为效仿，呈现出中西融合的风格。如在传统民居院落中，中国传统布局与西式别墅住宅共存，或是西式住宅采用中式风格的家具和陈设，而在建筑技术和装饰材料上亦可巧妙结合。扶风温家大院是这个地区始建于民国二十七年的传统民居院落，它的平面与空间结构属于我国典型的纵向多进式合院民居，也是极具代表性的陕西关中西部地区"窄院民居"（图 2 – 9），院落布局考究且装饰精美，砖雕、石雕、木雕在院落中随处可见，是整个陕西关中西部地区为数不多的近现代传统民居院落。在这座中式风格浓郁的传统民居院落里，可以通过其厦房窗户的造型和窗台使用的瓷片装饰能够看出这一时期民居建造的中西融合（图 2 – 10）。进入现代社会后，这一地区的传统民居受到来自各个国家多种建筑风格的影响，呈现出新旧建筑差异一目了然的面貌，且由于新型建筑材料的

图 2 - 9　扶风温家大院全貌

图片来源：作者摄于扶风县小西巷。

图 2 - 10   扶风温家大院厦房

图片来源：作者摄于扶风县小西巷。

出现和传统建筑技术面临失传，熟知这一地区传统民居营建技艺的工匠已难以寻觅，传统民居建筑出现了文化断裂的现象。特别是近几十年来，传统民居建筑从城市到农村正在成片成片得快速消失，并呈现出"千村一面"的风貌和"水泥森林"迅速崛起的特点。在"文化自信"和"乡村振兴"的背景下，迫切需要对这一地区传统民居的特质进行总结并为现代地域的传统民居建筑提供理论支撑。

第二节   陕西关中西部传统民居的成因

传统民居的形成一般受地域自然条件、地域物质资源以及地域文化、思想因素、生活观念等诸多因素的影响，因此，一个地区的传统民居往往可以体现出当地人民的生活状况、宗礼法制、处世哲学、道德思想等内容。陕西关中西部地区传统民居的形成主要受自然环境、宗法礼制和政治历史三大因素的影响。

一 多样的自然环境

一个地区的地理环境由地形、土壤、气候、水源等诸多要素组成，其中气候类型和地形地貌对传统民居的影响和制约最为明显，直接作用于传统民居建筑的形制、形式、结构和特征。[①] 由于气候的不同，太阳的照射量和降水量的分布都不尽相同，地域植被、土壤条件等均各有特点，传统民居建筑从平面布局、空间利用、构造工艺等方面都需要进行相应的调整。人们在传统民居的营建中，掌握并积累了有效的技术和经验，不仅创造出了与地域环境融为一体的民居建筑形制，而且还因地制宜地选取建筑材料，既省时省力，还能充分体现民居建筑的地域特色，通过不断地利用和改造自然使得传统民居建筑不断地趋近宜居的标准和要求，以适应不同的气候类型。

陕西关中西部地区有近一半的区域为黄土台塬和平原丘陵的地貌，且大部分人口在该地貌下生产生活，加之温带季风气候的影响，夏季干燥炎热，所以在这个季节院内不需要过多的阳光，为了使院落中形成较大的阴影区域，这一地区的传统民居大多为狭长的院落结构；而冬季寒冷时间较长，防寒保温是首要的任务，所以火炕、坐北朝南的房屋朝向和由厚实的墙体围合所形成的封闭空间结构又增强了抗寒性。因此，经过漫长的历史演变，陕西关中西部地区的传统民居形成了目前较为常见且切合实际的窄院式、封闭型的风格与特点。此外，陕西关中西部地区特殊的气候条件以及与台塬接壤的地理特点，造就了其土质和植被同其他地区不同。该地区土质坚硬且容易塑型，非常适合夯土版筑和制作土坯（关中西府方言为"打胡基"）。因此，夯土墙和土坯墙就成了早期这一地区传统民居的主要承重地基和墙体。而且，这类墙体更换简易，经过若干年的使用，在被新制墙体所取代后，还能够作为优质的农家肥料供耕作使用。[②] 直到进入明清时期，民间制

---

① 参见张犁《关中传统民居门楼的成因及分布探究》，《西北农林科技大学学报》（社会科学版）2015 年第 1 期。

② 参见李琰君《陕西关中传统民居建筑与居住民俗文化》，科学出版社 2011 年版，第 24 页。

砖工艺的普及与宗法礼制制度的允许，这一地区传统民居在营建中青砖才开始大量使用，逐步取代了夯土墙和土坯墙，形成了砖木结构或砖木土木结构相互结合的传统民居建筑。

二 传统的宗法礼制观念

宗法制度是氏族社会的血缘关系在新的历史条件下不断演化而成的，是伴随着我国农耕社会的发展应运而生的产物。我国的建筑师陆元鼎先生曾经说过："礼教是宗法制度的具体体现和核心内容。"[①] 进入商朝后期，家族共祭同一祖先，按族论资排辈，为古人建立文化、行为、礼仪规范等规章制度。西周建立后，统治者为维护统治地位，在商朝礼教制度的基础上，建立了一整套体系完备，等级森严的宗法制度，成为中国社会政治、经济、文化的外在框架，并一直持续几千年之久。[②] 它通过礼仪定式与礼制规范来约束人们的行为与思想，其核心提倡的是君惠臣忠、父慈子孝、长幼有序、兄友弟恭、夫义妇顺、朋友有信的社会秩序和上下尊卑的伦理顺序。

宗法制度对我国传统民居的影响深刻而广泛，在与自然环境和谐的前提下，传统民居的院落布局、建筑形制、营建标准、建造材料和建筑装饰都以宗法礼制为规范准则。我国的历代统治者为了保证社会秩序，依照宗法礼制制定典章和法律法规，按照人在社会政治生活中的地位差别，左右人们在建筑中的行为和建筑的空间管理，形成了森严的建筑等级制度。在历朝历代的史料中几乎都有对建筑等级的记载，特别是在明代。《明史·舆服志》中载有"一品、二品，厅堂五间九架，屋脊用瓦兽、梁、栋、斗拱、檐桷青碧绘饰。门三间五架，绿油，兽面锡环。三品至五品，厅堂五间七架，屋脊用瓦兽、梁、栋、檐桷青碧绘饰。门三间三架，黑油，锡环。六品至九品，厅堂三间七架，梁、栋饰以黄土。门一间三架，黑门，铁环。""庶民庐舍：洪武二十六年定制，不过三间五架，不许用斗拱，饰彩色。三十五年复申禁饰，

---

① 陆元鼎：《中国民居建筑》，华南理工大学出版社2003年版，第3页。
② 参见吴昊《陕西关中民居门楼形态及居住环境研究》，三秦出版社2014年版，第20页。

不许造九五间数，房屋虽至一二十所，随基物力，但不许过三间。"①
当时建筑的严格礼制要求，等级森严，传统民居的等级差异已经成为
显著的特色之一。

陈西关中西部地区是周文化的发祥地，我国的宗法礼制制度又主
要形成于这一时期。这种悠久历史背景和深厚的文化积淀，使得这一
地区包括传统民居在内的古建、民俗、民间美术等方方面面都深受这
些宗法礼制关念的影响和制约。扶风县西小巷的温家大院、凤翔通文
巷的周家大院、千阳尚家堡的尚家老宅等这些传统民居院落在建造和
居住中无论是合院民居还是窑洞民居都是以血缘关系为纽带的族人共
居一院，在院落布局、轴线分布、建筑规格、门楼形制、房屋面积、
建筑装饰等方面都很好地体现了"父尊子卑、长幼有序、男女有别"
的宗法礼制。

三　深厚的政治历史积淀

人类创造了历史，同时历史也在改变着人类的生存方式。随着时
间的推移，人类利用自然和改造自然的能力不断提升，而且自然条件
在建筑形式演变的过程中相对稳定，但是不同的社会、政治和历史背
景给传统民居建筑带来了不同层面的影响。传统民居作为人类生活衣、
食、住、行四个重要方面不可或缺的一部分，同政治和历史必然有着
密切的关系。从半坡母系社会的族群聚落到明清时期的四合院，不同
的居住形式均受到不同时期政治和历史背景的影响。

陈西关中西部地区人类历史活动久远，早在8000多年前就有关桃
园人在这里繁衍生息，洞穴的族群聚落便是这一时期先民们的住所与
居住形式，也是人类最早的传统民居。而目前关中地区的中心城市西
安曾是我国的周、秦、汉、唐等先后13个王朝古都，在宋元之前的大
部分时期西安乃至整个关中地区都是全国的政治、经济、文化中心，
社会安定有序，人民丰衣足食。特别是在隋唐时期，整个关中地区在
各个方面都获得了空前的繁荣和发展，在全世界都有着显赫的地位。

① 吴昊：《陈西关中民居门楼形态及居住环境研究》，三秦出版社2014年版，第20页。

但是自唐末"安史之乱"之后至宋元时期，关中地区战乱频繁，且异族、异国的侵扰较为严重，长安城也日渐衰败，关中地区逐渐演变成为封闭、落后的区域。而进入明清时期后，整个关中地区社会局势已基本趋于稳定，生产力和人们的生活水平得到较快发展和提高，传统民居的营建也进入了新的高潮，在新技术、新材料的推广和运用上有了很大的提升，加之关中西部地区自古以来就是整个关中乃至全国的粮食主产区，土地肥沃、水系纵横、良田万顷、物产丰富，百姓安居乐业的局面再次呈现，进一步促使了这一地区传统民居与其他建筑的营建与发展。安定的社会环境与稳定的政治局面，促生大量像冯家塬刘家大院、马家塬马家大院、陇县杨家大院等地域特色鲜明、营建技艺考究、建筑装饰精美的传统民居院落。目前这一地区具有代表性的传统民居院落也大都是这一历史时期的遗存。

第三章　陕西关中西部传统民居的建筑形制

　　陕西关中西部地区的传统民居历史悠久且风格独特，因其所处位置、自然环境、地势地貌和风俗习惯的不同呈现出了多样的民居类型。其中在这一地区西北部的台塬断面和丘陵地带，以生土窑洞建筑为主；部分地区结合土木和砖木结构所建的硬山式单、双坡屋顶房屋组合成窑院居住院落。中部的河谷平原与黄土台塬地带则以抬梁式的木构架结构作为承重体系，加以土墙或砖墙的围合来构成合院居住院落。南部的山区由于地势地貌比较复杂、多变，多以穿斗式的木构架结构作为承重体系，并通过土墙或砖墙的围合来营建民居院落，同时依据其所处环境和山势的不同营建房屋、楼宇或院落。陕西关中西部的民居在南部、中部和北部呈现出风格迥异的民居形式，总的概括起来为北部是天圆地方的窑洞、中部为天人合一的合院和南部是随山就势的楼院，其中北部的窑洞和中部的合院数量最多，也最具代表性。

第一节　陕西关中西部传统民居的院落特征

一　总体特征

　　陕西关中西部地区的传统民居受其特殊的地理位置和气候的影响，为了能够更好得防晒御寒，解决可用土地较少、人口多和人均耕地不足的问题，经过长时间的演变，逐渐形成了"窄院式"的院落形态

图3-1 窄院民居

图片来源：作者摄于扶风县小西巷。

（图3-1），通常此类院落坐北朝南或坐西向东，面阔三个开间，长度为9.9米，且前低后高。建筑的主体结构除窑洞式院落以外均采用砖木结构或夯土与木结构相结合的形式建造，墙体以夯土墙（胡基墙）、土坯墙、砖墙为主要材质进行围合与承重（图3-2），屋顶的构造除太白县和凤县秦岭北麓山区的传统民居用穿斗式木构架以外，均采用抬梁式木构架建造（图3-3），屋顶形式为硬山式屋顶（图3-4）。此外，院落结构与空间布局秩序严谨，由前向后依次为：门房（倒座）、厦房、厅房、正房（上房），建筑构件与建筑装饰精美，用料考究，主要以木雕、砖雕和石雕为载体，进行装饰和美化。

二 建筑单体的特征

陕西关中西部地区的传统民居以窑洞和平房为主，仅在富商与官员的大宅院正房建有楼房（图3-5），门房均为平房。房屋顶部为增加室内空间，以抬梁式木构架与砖墙、夯土墙、土坯墙相结合建造，除厦房外其他房屋屋顶均为硬山式双坡顶，屋面以小青瓦仰瓦组合排列。厦房的屋顶因农耕与住宅用地的冲突等原因，均采用硬山单坡顶的形式，所以也就形成了各个宅院与院落之间"并山连脊"的形式（图3-6），民间常以"房子半边盖"来形容，也是"陕西八大怪"之一（图3-7）、（图3-8）。这一地区的传统民居由于其特殊的建筑

图 3-2 翟家坡翟家宅院厦房

图片来源：作者摄于陈仓区翟家坡村。

图 3-3 关中西部传统民居建筑木构架

图片来源：作者摄于陇县高庙村。

图 3 – 4　关中西部传统民居屋顶样式

图片来源：作者摄于扶风县小西巷。

图 3 – 5　陇县张家宅院正房

图片来源：作者摄于陇县洞子村。

图3-6 并山连脊的院落形式

图片来源：作者摄于陇县枣林寨村。

材料与建筑形制，在民居建筑的许多部位形成了较大的木雕、砖雕、石雕雕刻区域，所以该地区的传统民居在建筑单体上都会通过"三雕"来进行装饰。在普通民居中通常只在屋脊、墀头、影壁、佛龛、门枕石、窗棂等重点部位进行雕刻装饰，但在富商与官员的大宅院中会有更加丰富装饰区域出现，例如，柱础、山墙、槛墙、裙板、绦环板等部位，而且装饰题材更加丰富，雕刻工艺也更加精湛。

三　院落组合的特征

陕西关中西部地区的传统民居虽然具有自己独特的地域风格与特点，但从其平面布局、院落结构、空间组织等方面的手法上看，属于我国传统的合院式建造模式（图3-9）。① 合院式民居是我国最基本、最常见的民居形式，也是我国民间建筑文化的典型代表。它们的形成和营建与我国的道家"环抱思想"和几千年封建社会的儒家礼制秩序有着紧密的联系，"中轴对称、前堂后室、左右两厢"是这种民居形式的显著特点，"天人合一"是这种民居形式的核心精神意蕴。这一地区

---

① 参见李琰君《陕西关中传统民居建筑与居住民俗文化》，科学出版社2011年版，第33页。

图3-7 马家塬马家大院旧址

图片来源：作者摄于金台区马家原村。

图3-8 新街镇姚家宅院厦房

图片来源：作者摄于陈仓区姚儿沟村。

图3-9 关中西部合院传统民居俯视

图片来源：作者摄于凤翔区刘淡村。

传统民居的院落组合主要有以下四种形式。

1. 独院式

独院式是陕西关中西部地区传统民居院落的基本形式也是最为常见的院落结构形式。这种方式能够充分利用宅基地，按照宅基地面积的大小和形状，又可分为单排房院、二合院、三合院和四合院（图3-10）四种组合形式，通常面阔三至五个开间，长度为9.9—16.5米（图3-11）。其中四合院与三合院是独院式院落组合形式中最常见和最具代表性的院落，也是组成其他院落形式的基础单元。这种院落从前向后的布置方式依次为门房、厦房、正房、后院，以及围合所形成的庭院，例如，位于千阳县药王洞巷的黄家大院和陇县东凤

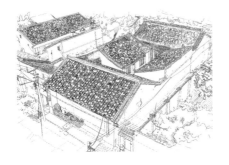

图 3 - 10　关中西部独院式民居

图片来源：高松林绘制。

图 3 - 12　关中西部纵向多进式民居

图片来源：高松林绘制。

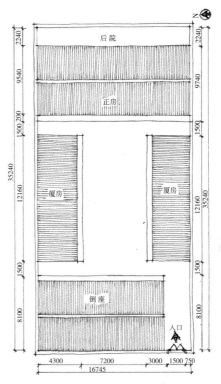

图 3 - 11　黄家大院平面图

图片来源：毕然绘制。

镇枣林寨村的孙家大院。这种院落形式，门房通常作为储物、书房或会客；厦房主要为家中晚辈居住使用或作为厨房；正房为整个院落的核心部分，多用于家中长辈居住以及举行庆典和会客。而三合院则是在四合院形式的基础上省略门房，二合院是由两间厦房组成，单排房院仅有正房。

2. 纵向多进式

纵向多进式院落结构是陕西关中西部地区"窄院式"院落形态的典型代表形式，例如，扶风县西小巷的温家大院、千阳县启文巷的刘家大院和凤翔区刘淡村的马家大院等。这种院落结构是由多个独院式院落沿纵向（通常为南北方向）重复组合而成的（图 3 - 12）。此院落布局不仅可以节约用地，以解决关中地区人多、可用土地较少的问题，

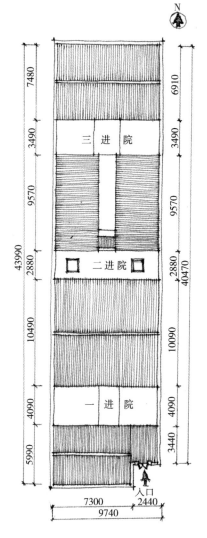

图 3 - 13 温家大院平面图

图片来源：毕然绘制。

而且可以使院落空间更加丰富，各个房屋功能更为明确，同时还能够增加院落住户的私密性。

纵向多进式的院落结构一般为该地区经济条件较好的家庭所使用，此类院落庭院丰富且面积较大，院内各个建筑单体以空廊相连接，面阔一般为三至五个开间，长度为 9.9—16.5 米（图 3 - 13）。此种院落形式可以分为前院、内院、后院三大部分。前院，是位于院落最前端的部分，一般是由门房、厦房、过厅组合而成的三合院或二合院，主要用来储物、接待、举行庆典等处理日常事务；内院是位于过厅之后、后院之前的部分，一般由厦房和正房围合而成，主要用于祭祀和家庭成员的日常生活，是院落中较为私密的部分；后院，是位于院落最后端的部分，主要用来设置厕所、存放农具、饲养牲畜和堆放杂物（图 3 - 13）。

3. 横向联院式

横向联院式院落结构是由两个或者更多的纵向多进式院落横向组合而成的。院落与院落之间大多都用高墙来进行分割，但都开设有门，以便于院落之间的相互联系。这种院落形式既能够保证每个院落的私密性，又能够方便家庭成员之间的相互照应与日常的生活。横向联院式院落结构通常为陕西关中西部地区富商或官员建造大宅院时使用的最广泛的院落形式。凤翔区通文巷的周家大院和陇县儒林巷的徐家大院就是此院落形式的典型代表。

横向联院式院落结构一般由正院和跨院两个大的部分组成（图
3－14）。正院，是供家中长辈日常生活起居的专用空间，也是家族举
行祭祀、聚会、庆典的场所。它处于整个院落的中心和院内最高的地
方，无论是建筑材料的使用，还是建筑装饰的精美程度，都要比其他
院落更加考究。正院面阔一般为三至五个开间，长度为9.9—16.5米
（图3－15）。跨院，是与正院横向紧密相连的院落，在建筑尺度、建
筑构造、建筑装饰上都要较正院相差许多，面阔通常等于或小于正院，
一般为三至五个开间，长度为9—15米，为家中晚辈、仆人日常居住
以及厨房、磨房、马房等其他附属功能的使用空间。

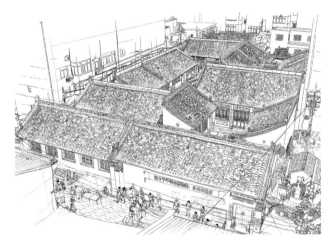

图3－14　关中西部横向联院式民居

图片来源：作者绘制。

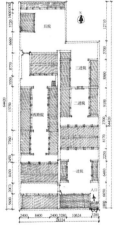

图3－15　周家大院
平面图

图片来源：作者绘制。

4. 窑院式

窑洞是我国历史比较久远的居住形式，也是我国黄土高原特有的居
住形式。这种民居形式既经济又耐用，使人与自然融为一体，和睦共
生，在建筑中充分体现出"因地制宜"与"天人合一"的观念。

陕西关中西部地区的窑洞民居主要集中在西部和北部的平原和山
塬结合地区，这里的黄土质地与地貌条件为窑洞的修建创造了天然的

便利条件。陈仓区硖石镇、县功镇和千阳县张家塬镇等地大量的民居均为此种院落形式（图3-16）。该地区窑院式的院落结构主要以靠崖式（庄窑）为主，局部地区也运用有房窑结合的方式（前房后窑）。靠崖式窑洞是直接在沿山坎、沟壑坡岸直壁的山体上（大多选于北岸的向阳处），利用崖势在黄土层中开挖的窑洞，一般在窑洞前有较为平坦的开阔地，便于形成院落，常见的有三孔窑和五孔窑，每孔窑洞宽为3.3米，高为4.9米，中间的窑洞是供家中长辈所居住使用的空间，其他窑洞为晚辈居住和存放杂物。房窑结合式是将庄窑作为正房，在前部增加单坡硬山顶的厦房或门房所围合而成的院落（图3-17）。其中作为正房的庄窑供家中长辈使用，厦房或门房为晚辈所使用或存放杂物。窑洞因其经济适用且施工简单在陕西关中西部地区通常为经济条件较为一般的家庭在建造住所时所采用的院落形式。

图3-16 关中西部窑院式民居

图片来源：作者绘制。

图3-17 硖石镇窑院平面图

图片来源：毕然绘制。

第二节 陕西关中西部传统民居的院落类型

一 豪门大宅院

我国著名的建筑大师孙大章先生曾对豪门大宅有过明确的定义：在封建社会的上层人士中，诸如贵族、官僚、大地主等豪门家庭，他们深受宗法思想的影响，多由家长主持家务，维持数代同居共食的家庭构成。因此，人口众多，住宅规模庞大，建筑空间组织繁杂，形成东方独特的豪门大宅居住形式。①

《礼记·礼器》有曰："礼也者，反本修古，不忘其初者也。"《礼记·经解》又曰："已旧礼无所用而去之者，必有乱患。"在封建礼制思想的影响下，无论是民居还是宫殿的建筑形制都具有极强的等级识别性，以建筑形制的严整秩序适应国家的政治、社会关系秩序，反映出中国传统民居的等级观念之深，等级差别之严，这正是突出表现了儒家礼制思想中的人治思想。② 传统民居的布局、结构和规模明显表现出尊卑贵贱的等级制度，就一个传统家庭而言，长辈居上房、晚辈居厦房、仆人住下房，不得逾越；妇女不能轻易步出院外，宾客则不可随意进入内院。③

陕西关中西部地区传统民居中的豪门大宅院主要以官僚府邸和地主富商之家这两种类型为主。其中官僚府邸在故里建造大宅，一则可炫耀乡里，二则以备卸职归隐。这类住宅除了规模宏大，多带有一定的文化气息，如书房、会客部分空间通常较大，并附设有宅院且建筑装饰、装修都极为考究。④ 陇县儒林巷的杨家大院、扶风县西小巷的温家大院（图 3 - 18）、凤翔区通文巷的周家大院（图 3 - 19）、（图 3 - 20），这些院落的主人都是当地的富商或官员。他们作为封建社会的主导阶级，是经济上较为富裕的阶层，对其住宅建造自然也非常讲究。一方面，由于受传统家庭道德伦理思想的影响，其住宅的基本形制仍是传统样式；另一方面，为了炫财斗富，较多地吸收了北京、山西以及江南民居的部分建筑特征和装饰手法，⑤ 所以他们的住宅中也

---

① 参见李琰君《陕西关中传统民居建筑与居住民俗文化》，科学出版社 2011 年版，第 45 页。
② 参见朱向东、马军鹏《中国传统民居的平面布局及其型制初探》，《山西建筑》2002 年第 1 期。
③ 参见李琰君《陕西关中传统民居建筑与居住民俗文化》，科学出版社 2011 年版，第 45 页。
④ 参见荆其敏、张丽安《中国传统民居》，中国电力出版社 2014 年版，第 78 页。
⑤ 参见李琰君《陕西关中传统民居建筑与居住民俗文化》，科学出版社 2011 年版，第 45 页。

图 3-18　温家大院一进院

图片来源：作者摄于扶风县小西巷。

图 3-19　周家大院西跨院

图片来源：作者摄于凤翔区通文巷。

图 3 – 20　周家大院正院厅房

图片来源：作者摄于凤翔区通文巷。

呈现出整体布局灵活且建筑多变的风格。这些豪门大宅院大都采用纵向多进式或横向联院式的院落结构，或为三进，或两进两跨，或三进两跨，大都为三或五个开间，建筑形制严谨，建筑装饰考究。

二　普通宅院

　　普通宅院是陕西关中传统西部地区传统民居中的主要居住形式，也是最能反映普通百姓居住文化和处世哲学的真实写照。该地区目前还散落和保留有大量明清和民国时期的普通传统民居。它们在占地面积、平面布局、空间处理、建筑装饰等方面虽不及豪门大宅院讲究，但这些普通民居也都跟随这些豪门大宅院所引领的建筑潮流来进行营建。这些民居通常为三个开间，长度在 7—12 米，以中轴线层层组织，形成窄长的平面形式，常以四合院、三合院、二合院和单排房院这四种形式营建，以土木和砖木结构为主，更值得一提的是这种合院民居将夯土版筑（胡基）这种材料和工艺发挥得淋漓尽致。例如，位于宝鸡市千阳县药王洞巷的黄家宅院（图3-21）、陇县儒林巷的徐家宅院（图3-22）、陇县枣林寨村的孙家宅院等传统民居院落，这些院落都是这一地区传统民居中普通宅院的典型代表。它们体现出平面布局紧凑、用地经济、选材与建造质量严格、室内外空间处理灵活、建筑装饰水平高超等特点，[1] 从它们的身上更多地体现出关中西部地区的地域特色、地域文化和传统的民俗民风，以及封建社会等级森严的礼制思想和道家的天人合一观念。

图3-21 黄家宅院院落

图片来源：作者摄于千阳县药王洞巷。

三 窑洞宅院

窑洞是中国西北黄土高原上居民的古老居住形式，它广泛应用于我国黄土分布较为集中的陕西、山西、甘肃、宁夏、河南、内蒙古等地区，特别是在陕甘宁地区，黄土层的厚度较高，有的厚度能达到好几十公里。中华民族的先民们创造性地利用了高原的有利地形，凿洞

---

① 参见李琰君《陕西关中传统民居建筑与居住民俗文化》，科学出版社2011年版，第51页。

图 3 – 22　徐家宅院院落

图片来源：作者摄于陇县儒林巷。

而居，建造了被称为"绿色建筑"的窑洞民居。

陕西关中西部地区的西北部属于平原与台塬的接合部，为我国黄土高原的边缘地带，黄土层厚度在 50—200 米，而且该地区黄土的质地和自然环境给被称为绿色建筑的窑洞民居创造了得天独厚的自然条件，而这一地区智慧的先民们巧妙地将其利用，创造了具有节省建筑材料、无污染、既经济又坚固耐用、便于修补等诸多优点的窑洞宅院。这一地区的窑洞宅院以靠崖式（图 3 – 23）为主（主要集中在千阳县、陇县、

图 3 – 23　关中西部靠崖式窑洞

图片来源：作者摄于金台区红碛村。

金台区和陈仓区），地坑式为辅（仅在千阳县张家塬镇曾有建造），同时结合夯土版筑所建造出的房屋，形成了具有"土崖壁上犹如整齐排列的靠背椅"（图3-24）和"上山不见山，入村不见村，只闻鸡犬声，院落地下存，窑洞土中生，车从头上过，声由地下来，平地炊烟起，不见鸡狗光听声"为特点的窑洞宅院。这是伟大的先民们利用大自然、改造大自然和与大自然抗争的智慧结晶，也是人与大自然和睦相处、共生共存的真实写照，更是人类"天人合一""因地制宜"美好境界的完美体现。陕西关中西部地区的窑洞宅院民居往往没有过多华丽的建筑装饰，从中展现出的是更多的经济与质朴，该地区的窑洞宅院犹如"对症下药"一般为当地居民提供了宜居且温馨舒适的生存空间，它们曾经是这一地区西北部山区百姓最为理想的居住方式（图3-25）。

图3-24　废弃的窑洞民居

图片来源：作者摄于金台区巩家坡。

图 3 – 25　关中西部窑洞民居

图片来源：作者摄于金台区下河窑。

第三节　陕西关中西部传统民居的院落构成

陕西关中西部地区的传统民居从院落的构成上主要有倒座、厦房、厅房和正房四种建筑单体和门楼（大多与倒座合为一体）结合墙体围合而成。

一　门楼

自人类构巢筑屋开始，便有了"门"的意识。我们的先民们为了遮蔽风雨、防御猛兽，建造了相对隔绝和封闭的空间，设置"门"以便出入。① 门是一组建筑的出入口，是联系内外空间的节点。通常处

_____

① 参见贾丹丹《晋城地区传统民居门楼研究》，硕士学位论文，河北工程大学，2020 年，第 5 页。

于建筑的显耀位置，兼具物质和精神两方面的功能。除满足使用功能外，还要求美观，从门的整体到局部构件都要有美感，故门常被美化、繁化，成为"门楼"。[①] 它是一家一户的主要通道，又是主人的"门面"，直接反映主人的社会地位、职业和经济水平。[②] 古人常言：三分造宅，七分建门，可见门楼自古以来在人们心中的重要性。我国的合院传统民居对于门楼的建造极为讲究，特别是对于大门门楼的营建，按照不同的等级可以分为王府大门、光亮大门、金柱大门、蛮子门、如意门等多种样式，不同的大门样式均受制于等级森严的封建礼制制度和院落主人地位与财富，因此，门楼的高低大小、构筑材质、建筑装饰都是与院落主人身份相互吻合的。

门楼根据其建筑形式、结构和风格的不同，可以分为屋宇式、牌楼式、门洞式、随墙式、西洋式五种类型，因受到封建礼制思想的制约，各种类型的门楼在等级、规模、装饰等方面上也相去甚远。[③] 陕西关中西部地区传统民居的门楼主要为门洞式和随墙式，并成为该地区传统民居整体院落的重要组成部分。其中，门洞式门楼主要用于这一地区传统民居四合院或纵向多进式和横向联院式大门的营造，通常置于倒座东南方向的第一个开间，根据院落主人身份和地位高低，大门门扇的位置自正脊之下随着等级的降低而逐渐外移，主要由抱框、门框、门簪、门槛、门枕石、辅首等构件组成，并以砖雕、木雕、石雕进行精美装饰，门首上施木质或石质匾额，题有"积善余庆""勤俭恭恕""天赐纯嘏""勤俭持家"等道德格言，如凤翔通文巷的周家大院（图3-26）、凤县刘淡村的马家大院（图3-27）等院落的大门门楼。随墙式门楼主要用于这一地区三合院与窑院式的大门和纵向多进式与横向联院式中的二道门（图3-28）及其他门楼的营造，可分为砖木混构式门楼和砖雕门楼两种形式。砖木混构式门楼以单个开间开设于院墙上，顶部多采用硬山式或歇山式双坡屋顶，前檐或悬挂垂

① 熊梅：《我国传统民居的研究进展与科学取向》，《城市规划》2017年第2期。
② 参见吴昊《陕西关中民居门楼形态及居住环境研究》，三秦出版社2014年版，第70页。
③ 参见贾丹丹《晋城地区传统民居门楼研究》，硕士学位论文，河北工程大学，2020年，第18页。

图 3-26 周家大院大门门楼

图片来源：作者摄于凤翔区通文巷。

莲柱，或斗拱出挑，兼有承重和装饰双重作用，主要由门框、门簪、门槛、门枕石、辅首等构件组成，如冯家塬刘家大院（图 3-29）、凤县刘淡村马家大院等院落的二道门门楼。砖雕式门楼左右两侧配置有对称的影壁，门与影壁连接成"一"字形整体，屋顶的样式多与大门屋顶样式一致，高度低于大门，整座大门皆为砖石砌筑而成，在门楼和影壁的节点部位均有精美的砖雕装饰且寓意极其丰富，整个门楼气势恢宏，远看高大挺秀、宏伟壮丽，近看精雕细镂、惟妙惟肖。如凤翔通文巷周家大院（图 3-30）和扶风小西巷温家大院的二道门门楼（图 3-31）。门楼及其装饰因其标志着主人的门第身份与财力而具有象征美；因其充分展示了卓越的西府民间意匠而富有工艺美；因其凝结着西秦大地先民们的心理情愫而体现着人情美。

二 倒座

倒座是中国传统建筑中与正房相对，坐南朝北的房子，亦称"南

图 3 – 27　马家大院大门门楼

图片来源：作者摄于凤翔区刘淡村。

图 3 – 28　徐家大院二道门门楼

图片来源：作者摄于陇县儒林巷。

图 3 – 29　刘家大院二道门门楼

图片来源：作者摄于渭滨区冯家塬村。

房"。它是我国传统合院民居中"口"字形、"日"字形、"目"字形院落的重要组成部分。陕西关中西部地区合院传统民居中的倒座也称为"门房"或"街房"，一般面阔三或五个开间，长度为9.9—16.5米（图3 – 32），均为抬梁式木构架的单层建筑，为了隔热防潮与空间得以充分利用，常常会在木构架内部增加棚板，用作储物的阁楼使用，在房屋的内部会用隔墙或者隔板来加以分割，常用于储物、书房或者接待功能的空间（图3 – 33）。倒座是合院民居与街道相互连接的建筑，也是院落入口大门的开设处，

图 3 – 30　周家大院二道门门楼

图片来源：作者摄于凤翔区通文巷。

图 3 – 31　温家大院二道门门楼

图片来源：作者摄于扶风县小西巷。

图3-32　周家大院倒座

图片来源：作者摄于凤翔区通文巷。

图3-33　马家大院倒座

图片来源：作者摄于凤翔区刘淡村。

因合院民居大都为南北走向，再加之受形式、礼制与五行的影响（倒座右侧为东向），所以大门常设在右侧第一个开间的位置（倒座右侧为东向，东为"上"）。大门是陕西关中西部地区传统民居中倒座的重要组成部分，也是"三雕"装饰艺术较为考究和集中表现的重点区域，但是对于倒座临街的立面修饰较为朴素简洁，有"财不外露"之说。建筑主体墙面多采用土坯墙面或土坯外包青砖墙面建造，并将墙砌至额枋下沿，大多不开设窗户或仅在额枋下沿开小高窗。建筑的装饰主要集中于门楼的周围及两座院落相连接的山墙处，整体给人以庄重、朴素、谦和、低调的印象（图3-34）。

图3-34　温家大院倒座

图片来源：作者摄于扶风县小西巷。

三　厦房

厦房是整个"八百里秦川"一带的人们对院落中厢房的称呼，作为陕西八大怪之一的"房子半边盖"，指的就是陕西关中西部地区传统民居厦房的建筑样式，西府方言把它称为"厦（sà）子房"。它以对称的形式位于院落中轴线两侧，为单层建筑，门开于东、西侧，与正房、门房垂直布置，但并不与它们相连接，是院落空间围合东西方向的重要建筑之一，通院落中的其他建筑和墙体一起围合成为地域特性鲜明的"窄院式"合院民居院落。这一地区厦房的最大特点在于其单坡的建筑外形，这种形式的大量使用与陕西关中西部地区所处的位置、地质、土壤和气候环境有着密切的联系，是西府先民们的智慧结晶（图3-35）。

图3-35　翟家宅院厦房

图片来源：作者摄于陈仓区翟家坡。

陕西关中西部地区传统民居的厦房均为单层建筑，由于单坡屋顶的缘故，室内进深空间一般较小，单个开间通常为3米左右，而依照院落空间尺寸和住户人数需求不同，开间数量亦不固定，且奇、偶并存，[1] 同时以墙体或木质隔板将开间划分，用作厨房、储物和家庭中晚辈起居等功能空间的使用，因此这一地区民居的厦房间数和长度灵活多

———————————

① 参见李琰君《陕西关中地区传统民居门窗文化研究》，科学出版社2016年版，第11页。

变，而不同长度的厦房围合又产生了尺度丰富的院落空间（图3-36）。厦房面向外界的后墙通常直立高耸，高约为7—9米，一般为土坯墙面或土坯外包青砖墙面，整栋墙体封闭，为了利于室内冬季的保暖和整个院落的安全防御未开设窗户。在两侧山墙的墙体上部以小青瓦出挑的形式作为腰檐，用于排水的保护和墙体的装饰，山墙上部开设有气窗，来增加室内的通风和换气，在院落内部墙体的立面开设有门窗，并加以梁、枋和墀头部位进行简单装饰（图3-37）。厦房由于不是院落的主体建筑，并受制于宗法礼制制度的影响，因此在建筑构造、建筑材料、建筑装饰等方面均不及厅房和正房，但是它的建筑样式和建筑装饰给人以简洁亲切的感受，同时衬托出厅房和正房的高大、华丽与尊贵的地位。

图3-36　宋家宅院厦房

图片来源：作者摄于陇县南大街。

四　厅房

厅房是陕西关中西部地区传统民居纵向多进式院落和横向联院式

图 3 – 37   周家大院正院一进院厦房

图片来源：作者摄于凤翔区通文巷。

院落的中心，是联系前后院落的交通枢纽，也是整座院落的灵魂，对整座传统民居院落起到承前启后的作用（图 3 – 38）。厅房在整个院落中，不但建筑体量最为雄伟，而且不论是建筑本身的装饰还是室内的陈设都极其精美考究。它在整个院落中与倒座、正房同宽，一般面阔三至五个开间，长度为 9.9—16.5 米，并且通常南北方向为全通透开敞设计，在正面和背部的中心会凹入一架檩间，由檐柱凹入至金柱，两柱间设置可拆卸的屏门，面向室内的部分长用作主人待客的屏障，亦称"太师壁"。其上方会用较大的匾额进行装饰，内容以祖训、家训以及各种荣誉为主，并在案几上以瓷器、钟表等工艺品进行陈列，来显示主人的德行修养以及治家严明的家族传统（图 3 – 39）。① "太师壁"两侧设有可拆卸的木门，以达到前后通达的目的。厅房面向前院的部分常设有檐廊，来弱化室内与室外严格的划分界限，并且房屋

---

① 参见李琰君《陕西关中传统民居建筑与居住民俗文化》，科学出版社 2011 年版，第 41 页。

外檐均为满间可拆卸的隔扇门，当家中举行重大活动时可将门全部打开或拆下，形成一个畅厅，直接与院落连接起来，[1] 从而使厅房室内的待客空间与前后院落融为一体，增加厅堂的宽大舒适感。这一地区厅房的建造空间围合通透，可变性较强，主要用于院落主人接待尊贵宾客和举行红白喜事、孩子满月等各种仪式时招待亲朋好友。此外，在横向联院式的院落中在厅房的两侧会开设有穿墙门，用来将此院与其他跨院相连，形成十字交叉的院落交通网，以便在其他院落居住的家人和仆人来往各自的起居空间。厅房应为整体构架较高，檐口以下均由梁枋和花格垫板构成，并且受封建礼制思想的强烈影响，建筑装饰都较为精美，同时在两边厦房的对比和映衬下也显得更加通透、高大、精美。

图 3 - 38　温家大院厅房

图片来源：作者摄于扶风县小西巷。

——————————

① 参见李琰君《陕西关中传统民居建筑与居住民俗文化》，科学出版社 2011 年版，第 41 页。

图 3 - 39　周家大院厅房太师壁

图片来源：作者摄于凤翔区通文巷。

五　正房

正房在陕西关中西部地区也称为"里屋"或"上房"，是院落南北走向的最后一座建筑，也是院落中轴线上的建筑主体。正房与倒座、厅房同宽，一般面阔三或五个开间，长度为 9.9—16.5 米，但是其高度与院内其他建筑存在较大差异，通常为整个院落最高的建筑，是院落权利的核心区域。同时在精神层面上正房也通过地基的高度差异、装饰的精美程度与室内的功能布置，来体现一个家族的尊卑秩序和尊祖重礼的社会传统（图 3 - 40）。

陕西关中西部地区传统民居的正房建筑形式大多为我国合院传统民居中一明两暗的布局方式，特别是普通合院没有厅房的民居院落，在房屋的内部会用隔墙或者隔板来加以分割（图 3 - 41），将位于正房中间的明间用于家庭成员的聚集、会客及举行庆典，两侧的暗间则多为院落主人及家中长辈的卧房，或用于会见贵客、存放贵重物品及日常起

图 3-40 陈家宅院正房

图片来源：作者摄于陈仓区姚儿沟村。

图 3-41 关中西部民居房屋内部隔墙

图片来源：作者摄于陇县枣林寨村。

居。正房之后通常与后院连接,用于饲养家禽、存放农具及设置厕所等杂用,其通道主要位于正房东西两侧其中一侧约1米的位置,虽然通道的设置会占用其中一个暗间的一部分尺寸,但是从整体的造型、结构和装饰上来看只是整个正房的附加部分,建筑整体仍为三个开间(图3-42)。[①] 这一地区的正房大多为单层建筑,但是在部分豪门大宅院中正房会采用檐柱出檐的二层楼式,一层用于院落主人和长辈的日常起居,二层用于存放家中贵重物品,同时将祖宗牌位和神龛供奉于二层的堂屋中,在重大节日时进行家族的祭拜活动。此外,正房的二层在古代也作为家中女儿的闺房使用,亦称"闺阁"或"绣楼"(图3-43)。陕西关中西部地区传统民居的正房在面向院落的正立面几乎为全木构架梁柱和门窗花格(图3-44),以此来产生形体高大、层次丰富的视觉效果(图3-45)。由于正房功能的限定更为具体且用途更为私密,所以为了增加建筑与人之间的亲和力,与厅房相比各类建筑装饰使用较少,

图3-42 刘家宅院正房

图片来源:作者摄于麟游县城关村。

---

① 参见李琰君《陕西关中传统民居建筑与居住民俗文化》,科学出版社2011年版,第41页。

图 3 – 43   张家宅院正房绣楼

图片来源：作者摄于陇县洞子村。

图 3 – 44   彭家宅院正房

图片来源：作者摄于渭滨区益门堡。

给人以亲切感，也使得生活的气息和氛围更加浓烈。但是正房整体的体量感和高度的空间围合性与封闭性，仍能够给人带来高大、华贵、端庄、肃穆和自身具有的威慑力之感。无论是单层的正房还是两层的正房，这种设计必然导致其高度与体量在整个院落建造中最为突出，也使得它的屋脊为全院最高，而"脊"又取谐音"级"，通过倒座、厅房、正房屋脊高度的变化来暗合民间广泛流传的吉语"连胜三级"与"步步高升"之说，形象地表达了院落主人对未来生活的美好期望。

图 3 - 45　孙家宅院正房

图片来源：作者摄于陇县枣林寨村。

第四节　陕西关中西部传统民居的建筑构造

远古时期，我们的先民们使用的工具都源自自然界。中国古代的建筑也多以自然界中的"土"和"木"为原材料所建造，只是在其中注入了人类的思维与智慧并经过了人为的设计和加工。因此，"土木工程"作为我国营建工程的代名词必然与此有着一定的联系。

陕西关中西部地区传统民居的建筑均为土木或者土木经过再加工而产生的材料，多使用木材、石材和砖瓦。木材多用于梁架、门窗；砖瓦主要用于屋顶、墙面和地面；石材则多用于门枕石、柱础和墙基。看似平常的土、木、砖、瓦、石构成了这一地区传统民居的建筑主体，其中渗透着该地区先民的理性思考和伟大创造力。

一 屋顶构造

屋顶是建筑的主要组成部分之一。我国的传统建筑的屋顶形式丰富而又独特，主要分为攒尖顶、庑殿顶、硬山顶、悬山顶、歇山顶、卷棚顶等12种不同的形式，这些屋顶的形式都是聪颖智慧的先民们为满足建筑中排水、挡雨和遮阳等实际需要，依据封建社会森严的等级制度，经过长期不断地提高和完善逐渐形成的丰富多变的优美造型。在封建社会中，屋顶样式的使用被严格的约束着，不同样式屋顶的使用代表着不同的建筑级别。

陕西关中西部地区传统民居建筑的屋顶多为硬山式屋顶。硬山顶产生于明代，具有山墙两端屋面不伸出墙外，檩头不外露的特点，分为双坡式和单坡式，分别为一条正脊和四条垂脊或两条垂脊，屋脊都呈直线（图3-46）。其中厦房屋顶所用的单坡式屋顶有两种形式，一种为后檐墙借助于其他墙体，多为另一座传统民居院落厦房的后檐墙（图3-47）；另一种为后檐墙完全独立，正脊后做有一段小坡或段瓦，以易于排水（图3-48）。[1] 此种样式的屋顶形式最大的特点就是适用于横向空间较小的院落，而后檐和屋脊高度相等的做法又能够起到良好的防御作用，同时凸显了该地区传统民居"并山连脊"的窄院特征。这一地区传统民居的屋面均为瓦屋面，屋面的构造从里向外依次为苫背垫层、苫背层、黏泥层和瓦面层。苫背垫层一般为木结构，以承托上面的苫泥。[2] 苫背泥通常为秸秆与黄土按一定比例合成的麦秸泥，以增强泥的黏性和抗裂性，黏泥多以黄土加石灰和成，最外侧由

---

① 参见姚永柱《咸阳庄园》，陕西人民美术出版社2008年版，第98页。
② 参见姚永柱《咸阳庄园》，陕西人民美术出版社2008年版，第98页。

图 3 – 46　关中西部传统民居屋顶样式

图片来源：作者摄于凤翔区刘淡村。

图 3 – 47　相接后檐墙的厦房

图片来源：作者摄于陇县南大街。

小青瓦干搓组合而成，这种具有韵律的仰式瓦片排列，也使得传统民居建筑的屋顶形成了很强的动态感。

图 3 – 48　独立后檐墙的厦房

图片来源：作者摄于陈仓区翟家坡村。

我国传统建筑的屋顶主要由木构架的结构组合而成。木构架的出现与木材取材方便、容易加工和用途广泛的自身特点有着密不可分的关系，因此，木构架成为中国传统建筑的主要建筑结构并持续发展，逐渐成熟。我国传统建筑的木构架主要分为抬梁式、穿斗式和井干式三种类型。从东汉时期出土的画像砖和陶制房屋中可以看出，这三种构架类型早在东汉或者更早的时期就已出现，并经过几千年的演变，一直沿用至今。其中根据所处的气候和地理环境不同，分别用于我国的不同地区。抬梁式主要用于西北、华北和华中地区；穿斗式主要用于华东、华南和西南地区；井干式则用于森林资源覆盖率较高的地区。

陕西关中西部地区的传统民居除太白县和凤县的部分民居与窑洞建筑以外，其余的建筑均为抬梁式木构架建造。抬梁式又称为柱梁式，即在前檐柱和后檐柱之间架有大梁，大梁上面叠加多道依次减短的小梁，梁头下垫有瓜柱将小梁抬至所需高度，相邻屋架的梁外端之间又架设有檩，在处于最上面的小梁中间置脊柱来支撑脊檩，脊檩与檐檩之间等距架椽，椽超出檐檩达到屋檩位置，整体屋架呈具有稳定特性的三角形，使建筑构架更加稳定坚固（图3-49）。①

图3-49 关中西部民居木架结构

图片来源：作者摄于凤翔区通文巷。

北宋土木建筑学家李诫在其代表作《营造法式》中提出抬梁式构架分为殿堂型和厅堂型两种。清工部《工程做法》中也对抬梁式构架有具体规定，根据其支撑点的数量，分为三架梁、五架梁和七架梁，均为奇数。② 这一地区的传统民居建筑多为三架梁和五架梁的厅堂型构架建造。

我国的传统建筑分为屋顶、屋身和台基三个部分，其中屋顶部分靠木构架来承托，组成屋身的墙和门窗仅起到围挡和划分空间的作用

---

① 参见姚永柱《咸阳庄园》，陕西人民美术出版社2008年版，第88页。
② 参见姚永柱《咸阳庄园》，陕西人民美术出版社2008年版，第88页。

并不承重，所有屋顶的重量均传于承重的核心柱子和柱础。因而，柱子和柱础对整个传统民居建筑的支撑起到了至关重要的作用，同时石质的柱础对由木材所制成的柱子还能起到很好的防潮作用。此种传统民居的结构和营建技艺曾在西秦大地被广泛使用，而今这种传统的建筑结构也早已被钢筋混凝土结构所取代。由于此种木构架结构使用范围的缩小，从事这种传统手艺的人也在逐步减少，随着技艺的慢慢消退，为了保护这种技艺，"关中传统民居的营建技艺"也于 2013 年被列入了陕西省第四批非物质文化遗产名录。

二　台基构造

台基，即基座，是中国传统建筑整座建筑的基础部分，承载着建筑的主体同时也起着防水隔潮的作用。台基的坚固程度决定着建筑的寿命长短，因此在建筑中占有举足轻重的作用和地位。它一般由台明、埋头和台阶三部分组成。台明是露出地平的这一部分；埋头是地平以下的那一部分；台阶是地平与台明连接的载体，供上下台基之用。[①]在我国的传统建筑中，台基都高于地面，最低的高度也会高于地平一个台阶，有些台基有数个台阶之高，有的甚至达到数米之高。例如，北京故宫的多数主要建筑都建于较高的台基之上（图 3 - 50），特别是太和殿、中和殿和保和殿三大殿的建造，为了增加建筑的庄严与宏伟，都建于三四米之高的台基之上，且台基周围的布局形式颇为考究。自秦汉时期开始，高台建筑广为流行，阿房宫、未央宫等建筑均建于高台之上。因修建高台需花费大量的劳力和财力，在加之封建社会森严的等级制度，因此高台基建筑多用于宫廷和官式建筑，传统民居作为民间的普通建筑只能使用高度较低的台基，台基的四周也比较规整，一是因为实际功能性的需求；二是对宫廷和官式高台建筑简单的效仿。[②]

陕西关中西部地区传统民居建筑的台基通常建于黄土层上，多高于地平 1 至 3 个台阶，约为 15—50 厘米（图 3 - 51），仅有为数不多

---

① 参见姚永柱《咸阳庄园》，陕西人民美术出版社 2008 年版，第 91 页。
② 参见姚永柱《咸阳庄园》，陕西人民美术出版社 2008 年版，第 91 页。

图 3 – 50　北京故宫乾清宫

图片来源：作者摄于北京故宫博物院。

图 3 – 51　高家宅院正房台基

图片来源：作者摄于陇县枣林寨村。

的建筑台基较高，最高不超过1米，如千阳县启文巷刘家大院的倒座
台基（图3-52）。其中台基的埋头用黄土或加入石灰夯制而成，台明
部分用青砖或石条砌筑，使其表面坚固，外观整洁。院落中其他的地
平部分或用青砖墁地或将黄土夯实，在较大的院落中台基中还设有暗
道，便于积水的排出。此外，台基的高度还会依据院落由南向北的朝
向和倒座、厅房、正房的顺序依次升高，一是便于积水排出院落之外；
二是突出正房在院落中的主要地位，传承父尊子卑、长幼有序的宗法
礼制制度。

图3-52 刘家大院门房台基

图片来源：作者摄于千阳县启文巷。

三 墙体构造

墙体，是我国传统建筑的重要组成部分，以土、砖、石等材料筑
成。东汉许慎在《说文解字》中解释道："墙，垣蔽也"，说明了墙有
遮蔽围挡的作用。院落中也正是有了墙的存在，才有了空当之间的围
挡和分割，形成了或私密或开放的各个功能区域。墙体在建筑中起着

重要的作用，可以防御侵袭、防风御寒、划分空间、遮挡视线。

墙由墙基、墙身和墙头三部分构成。墙基为墙体的基础，一般由土加石灰夯制而成。墙身通常由砖、石或土坯砌筑。[①] 有的由单一材料构成，如用石板或石块砌成的石墙，青砖砌成的砖墙和胡基或夯土砌成的土墙；有的则有多种材料结合砌筑，通常墙的下碱用石板或青砖砌筑，下碱上皮至屋檐下皮为胡基砌筑。由于用多种材料结合砌筑的方式节省成本，更为经济，而且建筑材料的获取较为容易，所以也是经济水平低下的普通百姓广泛使用的墙体砌筑方式。在陕西关中西部地区的传统民居中，除了豪门大宅院的墙体为全部青砖砌筑（扶风县西小巷的温家大院和凤翔区通文巷的周家大院等），数量更多的普通宅院大都采用青砖和土坯相结合的方式来砌筑。此外，这一地区的传统民居根据墙在院落中所处的位置，分为内墙和外墙，并且主要有院墙、山墙、檐墙、槛墙四种主要形式。

图 3－53　周家大院二进院院墙

图片来源：作者摄于凤翔区通文巷。

（一）院墙

院墙是我国传统建筑院落构成的重要元素之一。它对院落空间起界定作用，对于院落有防护的作用。在陕西关中西部传统民居的院落围合中，主体以房屋的后檐墙为主，房屋的空当之间以院墙来连接（图 3－53）。所以，在整个院落中院墙的面积并不是特别大。院墙的高度一般不会超过房屋后檐墙的高度，大多与后檐墙同高，这样给人以整齐统一的视觉感受。院墙的砌筑材料也大都以砖与土坯相互结合为主，

---

① 参见姚永柱《咸阳庄园》，陕西人民美术出版社 2008 年版，第 93 页。

少数院落会用青砖或胡基砌筑。

（二）山墙

山墙是我国传统建筑中硬山式屋顶房屋两侧的墙壁，因其呈"山"字形而得名。① 陕西关中西部地区传统民居的山墙主要起围合建筑空间的作用，大多都不承重，通常用土坯或局部结合青砖砌筑，在豪门大宅院中会以青砖砌筑，顶部山花处开有圆形或方形的气窗，用来室内的通风换气（图3-54）。正对大门的厦房山墙会与影壁或神龛的建造相互结合，亦称座山影壁。座山影壁构造形式不一，但均以华丽精美的砖雕进行装饰，装饰题材和内容也较为广泛，体现着院落主人的文化素养和审美情趣。院落中其余建筑的山墙，在豪门大宅院中也会以砖雕的形式进行装饰，其精美程度可以座山影壁的砖雕装饰媲美，但在普通宅院中处理的手法则较为简单。

图3-54　温家大院厦房山墙

图片来源：作者摄于扶风县小西巷。

① 参见姚永柱《咸阳庄园》，陕西人民美术出版社2008年版，第94页。

（三）檐墙

檐墙是我国传统木构架建筑中位于前后屋檐下部檐柱之间的墙体。在陕西关中西部地区的传统民居中院落由院墙和后檐墙共同围合而成，因此后檐墙除了围合建筑空间还起着院墙的作用。这一地区的传统民居建筑中门房、正房、厅房的前檐通常以木结构的门窗来进行空间的围合，所以木质的隔板和形态各异的横披窗被简化为墙体，起着前檐墙的作用，而在厦房的建造中大多数的檐墙还都以砖、胡基或两者相互结合的形式砌筑（图3-55）。

图3-55 屈家窄院厦房檐墙

图片来源：作者摄于千阳县屈家湾村。

（四）槛墙

槛墙是前檐木窗封槛下方的墙体，即位于屋门两侧隔扇窗下的矮墙，在无檐廊时置于檐柱之间，有檐廊时置于金柱之间。① 在陕西关

---

① 参见姚永柱《咸阳庄园》，陕西人民美术出版社2008年版，第94页。

中西部地区的传统民居中，普通百姓的槛墙有土坯或青砖砌筑而成，而在官宦大户人家通常会效仿影壁的做法，在槛墙墙体的中心以砖雕的形式进行装饰，美化建筑。但是，处理的手法一般都比较简单，多以正方形、六边形、长方形、龟甲形青砖铺贴进行装饰，局部用可有花卉纹样的砖雕加以点缀（图3-56）。

图3-56 周家大院槛墙

图片来源：作者摄于凤翔区通文巷。

四 门窗构造

门窗是建筑内外空间的一道屏障，也是内部与外部相连接的一个载体。人在建筑的空间里进进出出、来来往往，门是必经之处，是建筑在人的视线中出现频率最高的一部分。正因如此，人们才对门的认识有了改变，产生了除基本功能之外的其他文化。由于封建社会森严的等级观念，门的不同称谓和样式代表着主人所处的不同阶层，如象征权势的朱门，象征贫贱的寒门，以及由门所衍生出的门户、门第和门派。①

在我国的传统建筑中，因门所处位置的不同对门的称呼也截然不同。如城墙的门称为城门，寺庙的门称为庙门、山门，村寨的门称为寨门等。② 在陕西关中西部地区的传统民居建筑中，整个院落的大门习惯称为院门、头门，房屋的门则称为屋门、房门，院落中的大门和侧门通常为板门，倒座、厅房、正房、厦房的门则通常为隔扇门，普通宅院建中也偶有板门，均由木材所制。其中大门是院落主人地位和身份的重要标志，按等级的高低分为广亮大门、金柱大门、蛮子门、如意门等多种形式。这一地区的传统民居根据院落主人财力和身份地位的不同，大门主要采用的形式有金柱大门、蛮子门、窄大门和随墙

图 3 - 57 温家大院大门

图片来源：作者摄于扶风县小西巷。

门。金柱大门的样式为官宦人家所用，大门设在倒座的明间内，为了有利于防御侵袭，大门四周通常为砖石材料建造，由门扇、门框、门枕石、门槛组成，在大门的空间内设置有门枕石、匾额、门簪等较为丰富的装饰构件，来突出大门的装饰效果以体现院落主人的身份地位与文化品位，如扶风县西小巷的温家大院（图 3 - 57）；蛮子门是属于等级仅次于金柱大门之下的院落大门，其主要特点是将门扇安装于过道靠近外侧门檐下的外檐柱上，大门内侧的空间较大，可以用来存放物品，功能较为多样，如千

① 参见姚永柱《咸阳庄园》，陕西人民美术出版社 2008 年版，第 96 页。
② 参见姚永柱《咸阳庄园》，陕西人民美术出版社 2008 年版，第 96 页。

阳县启文巷的刘家大院（图3-58）、凤翔区通文巷的周家大院等；窄大门多见于规模较小的宅院，其主要特征就是门道宽度仅占平常开间的一半大小，其余同金柱大门形式基本相同，如凤翔区刘淡村的马家大院；随墙门是一种类似墙垣式的门，是这一地区传统民居中的一种小型院门，也是使用最为广泛的大门，门的周边基本为纯砖结构，根据院落主人的财力，门的周围会加以不同的砖石雕刻装饰，如凤翔区刘淡村的马家大院等（图3-59）。屋门的隔扇门（图3-60）由绦环板（图3-61）、窗棂（图3-62）、裙板（图3-63）等构件组成，根据建筑开间的大小常做两扇、四扇或六扇不等的内开门扇，每扇隔扇门的宽高比约为1∶3或1∶4，同时这些部位也是木雕精细装饰的重点部位，通常在裙板和绦环板处以二十四孝、博古图、四艺图、暗八仙、八宝纹、八吉祥等（图3-64）寓意美好且体现院落主人文化素养的图案进行雕刻装饰。

图3-58　刘家大院大门

图片来源：作者摄于千阳县启文巷。

图 3-59　马家大院大门

图片来源：作者摄于凤翔区刘淡村。

窗户有防御、采光、借景、调节室内温度和通风换气的作用，我国传统建筑中的窗户除了这些基本的功能以外由于其特殊的构造和材质以及雕刻装饰，还具有独特的艺术审美效果。① 陕西关中西部地区传统民居建筑中的窗户可分为直棂窗（图 3-65）、横披窗（图 3-66）、隔扇窗（图 3-67）、支摘窗（图 3-68）、气窗（图 3-69）、高窗等多种类型，均由木材所制，除高窗以外其余的窗户全都设在面向院落空间内部的建筑前檐下，以保证建筑内部的采光和空气流通，并在窗户的绦环板、裙板、攒斗等部位以精美的木雕进行装饰，是传统民居建筑自身得到美化，同时活跃院落内部气氛，淡化狭小的窄院空间给人带来的压抑感。

五　窑洞构造

窑洞是我国西北地区黄土高原居民的古老居住形式，在建筑学上属生土建筑，其最大的特点就是人与自然的和睦相处，简单易修，省材省料，坚固耐用，冬暖夏凉。我国的窑洞形式主要有明箍式（图 3-70）、下沉式（图 3-71）和靠崖式（图 3-72）三种类型。

陕西关中西部地区由河谷平原、黄土台塬、丘陵等多重地貌组成，其中在西部和北部的山区由于其特殊的地势与这一地区土质较好的直立稳定性，有利于窑洞的挖掘和建造。该地区传统民居中的窑洞建筑

---

① 参见李琰君《陕西关中传统民居建筑与居住民俗文化》，科学出版社 2011 年版，第 120 页。

图 3 – 60　顾家宅院正房隔扇门

图片来源：作者摄于渭滨区益门堡。

图 3 – 61　杨家宅院正房绦环板

图片来源：作者摄于陇县儒林巷。

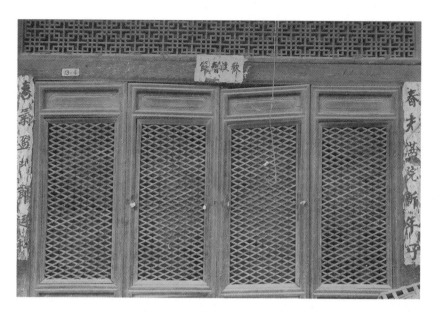

图 3 – 62　徐家大院正房窗棂

图片来源：作者摄于陇县儒林巷。

图 3 – 63　温家大院厅房裙板

图片来源：作者摄于扶风县小西巷。

图 3 – 64　彭家宅院正房裙板

图片来源：作者摄于渭滨区益门堡。

图 3 - 65　孟家宅院直棂窗

图片来源：作者摄于陇县高庙村。

图 3 - 66　杨家宅院正房横披窗

图片来源：作者摄于陇县儒林巷。

图 3 - 67　刘家大院厅房隔扇窗

图片来源：作者摄于千阳县启文巷。

图 3 - 68　徐家大院支摘窗

图片来源：作者摄于陇县儒林巷。

图 3 - 69　温家大院气窗

图片来源：作者摄于扶风县小西巷。

图 3 - 70　明箍式窑洞

图片来源：作者摄于延川县碾畔村。

图 3 - 71　下沉式窑洞

图片来源: 作者摄于永寿县驾坡村。

图 3 - 72　靠崖式窑洞

图片来源: 作者摄于金台区董家村。

以靠崖式为主。它直接选择位于北岸向阳处的山畔、沟边,利用崖式挖掘窑洞,洞前有相对平坦的开阔地面 (图 3 - 73),这样不仅便于施工,而且也利于院落的形成 (图 3 - 74)、(图 3 - 75)。通常为数洞相连,成排并列的单层窑洞,亦有台阶成次,上下相差的多层窑洞,从正面看去,犹如一把把靠背椅整齐并列于一起 (图 3 - 76)。[1] 窑洞洞口的宽度通常为 3—4 米,高度一般为宽度的 0.74—1.15 倍,两孔窑洞的间距大于或等于窑洞的宽度。挖掘靠崖窑洞时,首先,切出窑

———————————

[1]　参见吴昊《陕北窑洞民居》,中国建筑工业出版社 2008 年版,第 16 页。

图 3 – 73　窑洞院落外部

图片来源：作者摄于金台区董家村。

图 3 – 74　靠崖式窑洞院落

图片来源：作者摄于金台区董家村。

图 3 – 75　房窑结合式窑洞院落

图片来源：作者摄于金台区董家村。

图 3 – 76　靠崖式窑洞

图片来源：作者摄于金台区董家村。

脸土壁，自上而下切挖，为了保持土壁的稳定，常带有一定坡度，并采用小青瓦在窑脸上部封有檐棚以遮蔽雨水。然后，挖掘雏洞，待其通风晾干后，再逐步修整找平，内壁多用麦糠泥找平装饰，同时为了防止洞内上部的土块脱落，常用湿木椽加固，外部以草筋泥饰面。最后，安装窑洞的窑脸和门窗。靠崖式窑洞的建造中最为简单的仅在窑洞口加一道门即成。而较为讲究的则依据经济情况的差异，主要通过以下三种方法来制作完成。一是以土坯砌筑并用灰泥饰面；二是下部基脚用砖砌筑上部用土坯砌筑；三是用砖拱做窑脸墙的门框和窗框内包或用砖来满砌护脸。[①] 窑洞民居的内部（图 3 - 77）砌有灶台并于火炕相连，炕内盘有烟道，用来日常起居的烧水做饭和采暖防潮，同时也可以利用每次灶火使用后的余热来保持窑洞内的干燥，防止洞内土层的坍塌。

图 3 - 77　靠崖式窑洞民居内部构造

图片来源：作者摄于金台区董家村。

---

① 参见陆元鼎、杨谷生《中国民居建筑》（中卷），华南理工大学出版社 2003 年版，第 77 页。

第四章　陕西关中西部传统民居的建筑装饰

　　建筑装饰是依附于建筑实体而存在的一种艺术表现形式，是建筑主体造型艺术的发展和深化，装饰是建筑艺术表现的重要内容，对于建筑作为艺术的形式出现起着十分重要的作用。[①] 我国传统民居不仅从实用层面上来满足人们的需求，除此之外，它也是一种文化的体现，不同时代、不同地域的建筑总是体现着各自独有的特色。在传统民居建筑中，无论是在建筑的外部，还是在建筑的内部；无论是门窗隔扇，还是檐板栏杆，只要条件允许，均会以不同的材质、风格和手法以精美的建筑装饰来呈现。陕西关中西部地区的传统民居因其深受这一地区历史文化和宗法礼制的影响，建筑装饰尤其独具特色，其中又因传统民居所用建筑材料的不同，呈现出各自不同的装饰特点。

第一节　陕西关中西部传统民居
建筑装饰的载体

　　"合院"和"窑院"是陕西关中西部地区传统民居建造所采用的主要院落结构形式，而此种院落结构和特殊的地理环境与区域文化又决定了"土木"结构和"砖木"结构相互结合的建筑形式，因此该地区的传统民居建筑主要由土、木、砖、石等材料建造，砖雕、木雕和

---

　　① 参见陆琪《传统民居装饰的文化内涵》，《华中建筑》1998 年第 6 期。

石雕也就成为这一地区传统民居建筑装饰的主要载体。它们广泛分布于建筑的屋顶、墙面、门窗、柱础、影壁等部位，并且雕刻内容丰富，题材宽泛，技法多变，同时院落的主人根据自己的生活体验和对大自然的理解，通过这些对传统民居建筑中的雕刻装饰，将自己的人生理想、道德追求与处世哲学或直接、或含蓄地展现出来。

一　砖雕装饰

砖雕，又被称为"硬花活"，是以青砖为材料，将动物、人物、植物图案等形象利用工具进行雕刻来装饰建筑的一种表现形式。它是极具中国特色的雕刻技艺，历史悠久且流传有序，刚中带柔、柔中有刚，既有石雕刚毅坚固的质感，又有木雕精琢细磨的特性，是我国传统民居中观赏性、艺术性俱佳的艺术形式之一。① 陕西关中西部地区的砖雕艺术有着悠久的历史，早在周秦时期，砖雕已经作为宫廷建筑的主要材料之一，现在在宝鸡市青铜器博物院里，依然能够看到从考古遗迹中挖掘出土的周秦时期的瓦当和建筑用的砖型材料，在遗存的秦代砖上能够看到气韵生动的龙凤图案。这是农耕文明基础上建筑的一个非常突出的特点。唯有对泥土特性的熟练掌握，才能将泥土经过深加工后呈现出不同用途、不同性质、不同特点的工艺品。它和原始社会时期神秘的陶器，唐宋元明清时期精致的瓷器一样都是中华民族对泥土最具理性的认知和最具智慧的艺术表达。这一地区传统民居中的砖雕装饰院落中举目皆是，且大都雕工细腻，以圆雕、浮雕、透雕三种形式（图4-1），主要分布在院落的屋脊、影壁、墀头、山墙（图4-2）等人的视野活动最频繁的重点部位，图案多包含龙、鱼、麟、狮、富贵长寿、四季花卉、渔樵耕读等寓意性极强的吉祥图案（图4-3），既有独立观赏的价值，又与整体建筑浑然一体，营造出深邃的人文环境，同时将主人的喜好、心愿一起雕刻于院落之中，体现出院落主人的人生观、道德观和文化修养与审美情趣。

---

① 参见张建喜《乔家大院砖雕艺术的文化意蕴》，《山西师大学报》（社会科学版）2009年第7期。

图 4-2　马头墙砖雕

图片来源：作者摄于西安关中民俗博物院。

图 4-1　墀头砖雕

图片来源：作者摄于西安关中民俗博物院。

图 4-3　影壁砖雕

图片来源：作者摄于西安关中民俗博物院。

（一）屋脊

屋脊是我国传统建筑的最高部分，中国的古人往往对这个最接近天的部分进行着匠心独运的装饰，因为在某种意义上跟使用者的生命、生活息息相关。我国的传统民居在屋脊部分主要对宝顶、脊身、脊吻三个部分进行砖雕装饰，而不同形式的屋顶由于屋脊的数量和组合形式的不同，在建筑装饰上也不尽相同。陕西关中西部地区传统民居的屋顶主要采用中国传统建筑中的硬山式屋顶形式，其中倒座、厅房、正房为双坡式，厦房为单坡式，分别由五条和三条屋脊组成，对于屋脊的砖雕装饰主要集中在脊身和脊吻的部分，宝顶部分的装饰则较为简单或不做装饰。

1. 宝顶

宝顶是我国传统建筑中位于建筑物顶部中心位置圆形或近似于圆形的装饰构件,主要起到避雷防雷、加固屋顶和增添装饰的作用,特别是在攒尖屋顶建筑物和寺庙建筑正脊的中央位置,由于此处位于建筑的最高处,也被普遍认知为建筑的通天之处,因此均会在这一位置赋予精美的装饰,在皇家建筑中,多数宝顶甚至为铜质鎏金材料制成,光彩夺目。寺庙建筑宝顶位置的砖雕装饰,一般以祥禽瑞兽的造型为主,如大象、狮子、老虎等动物背驮如意、宝瓶、宝塔等,而在民居建筑中宝顶通常会根据主人的经济实力与院落的规格,选择不同的题材和内容来进行简单的砖雕装饰,主要以福、禄、寿、喜等文字内容和牡丹、莲花等吉祥花卉内容为主题。陕西关中西部地区传统民居屋脊宝顶的装饰形式较为简单朴素,一般多以祥禽瑞兽(图4-4)、吉祥花卉(图4-5)、文字符号(图4-6)、(图4-7)或建造年份的标记等造型元素来进行简单装饰。

图4-4　吴家宅院宝顶砖雕装饰

图片来源:作者摄于岐山县红星村。

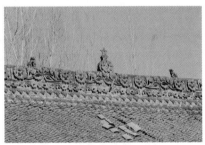

图4-5　白家宅院宝顶砖雕装饰

图片来源:作者摄于岐山县五星村。

2. 脊身

脊身是屋脊砖雕装饰的重要部位。陕西关中西部地区传统民居的脊身装饰主要分为两种类型:一种是用砖、瓦直接堆砌形成一定高度,并以一定几何图形组成二方连续的图案纹样所进行的装饰(图4-8);另一种是砖砌并用分段预制的灰塑图案进行的装饰,分为上下两层,下层用砖来砌筑作为脊身的基础,上层以高浮雕的形式将塑有莲花、牡

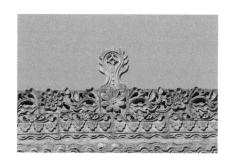

图 4-6　曹家宅院宝顶砖雕装饰

图片来源：作者摄于岐山县曹家村。

图 4-7　张家宅院宝顶砖雕装饰

图片来源：作者摄于陈仓区居村。

丹、荷花等花卉图案或鱼鳞纹、卷草纹、云纹等（图 4-9）纹饰的预制灰塑作为脊身的正身，祈求生活的平安富贵。无论哪种类型的脊身装饰，都犹如给传统民居建筑物做了一道花边，不但十分醒目，而且能够让人感受到生活中浓郁的艺术氛围（图 4-10）。

图 4-8　温家大院垂脊砖雕装饰

图片来源：作者摄于扶风县小西巷。

图 4-9　温家大院正脊砖雕装饰

图片来源：作者摄于扶风县小西巷。

3. 脊吻

脊吻亦称"鸱吻""鸱尾""螭吻"，是我国传统建筑房屋脊身末端的砖雕装饰。传说龙生九子，鸱吻为龙之九子之一，因其性属水，口阔噪粗，平生好吞，用它来寓意镇宅辟火。汉武帝刘邦营建柏梁殿，有人上书云："螭吻，水之精，能辟火灾，可置之堂殿。"[1] 我国的传统

———————————

① 姚永柱：《咸阳庄园》，陕西人民美术出版社 2008 年版，第 117 页。

建筑，多为木结构易发生火灾，鸱吻用于屋脊，有消除火灾的吉祥之意（图4–11）。陕西关中西部地区的传统民居除靠崖窑洞外，其余均为土木或砖木结构建造，将鸱吻装饰于正脊两端，有灭火消灾的象征意义。此外，脊吻的装饰也是院落主人身份和地位的象征，通常普通民宅多以"望兽"来进行脊吻的装饰（图4–12），而在官商大宅中偶有以"正吻"来对脊吻进行装饰，象征院落主人显赫的地位与高贵的身份。

图4–10 马家大院正脊砖雕装饰

图片来源：作者摄于金台区马家原村。

图4–11 温家大院脊吻

图片来源：作者摄于扶风县小西巷。

图4–12 周家大院脊吻

图片来源：作者摄于凤翔区通文巷。

（二）瓦当、滴水

瓦当与滴水，始于我国西周时期，是利用装饰纹样来美化和保护建筑檐头的建筑附件，在秦汉时期达到顶峰，最具代表性的就是以四神纹"朱雀""玄武""青龙""白虎"为图案所制成的瓦当。关中西部传统民居的建筑在屋顶部分由椽子与筒瓦组成，所以瓦当和滴水的使用数量极大，常采用特别烧制的带有兽面（图4-13）、花草（图4-14）、符号（图4-15）、文字等装饰图案的瓦当和滴水来达到装饰的效果。瓦当和滴水制作工艺简单，成本较低，在加之它们是屋顶排水的重要构件，且处于传统民居建筑的檐口位置，距离人的视距较近，因此，在这一地区的传统民居建筑中使用较多，特别是滴水的应用更为广泛，是砖雕装饰中使用最多的构件。瓦当和滴水以及青瓦屋顶在该地区传统民居建筑的大量使用，使较为呆板的建筑在屋顶和檐口层层叠叠（图4-16），构成了极具神韵的画面，也使得整个院落的建筑装饰更加精美且富有节奏韵律。

图4-13 温家大院瓦当装饰

图片来源：作者摄于扶风县小西巷。

图4-14 周家大院滴水装饰

图片来源：作者摄于凤翔区通文巷。

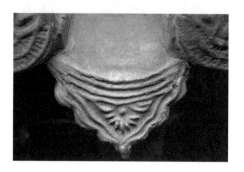

图4-15 马家大院滴水装饰

图片来源：作者摄于凤翔区刘淡村。

图4-16 刘家大院瓦当装饰

图片来源：作者摄于渭滨区冯家塬村。

（三）墀头

墀头，俗称"腿子"，是我国传统建筑构件之一。它是山墙伸出至檐柱之外的部分，突出在两边山墙边檐，用以支撑前后出檐，往往承担着屋顶排水和边墙挡水的双重作用，但由于它特殊的位置，远远看去，像房屋昂扬的颈部（图4-17），于是含蓄的院落主人会用尽心思来对其进行雕刻装饰。在陕西关中西部地区的传统民居中，墀头是砖雕艺术装饰较为丰富和精美部位。它的结构主要包括上身、下碱、盘头三个部分，其中会有一块向前倾斜或凸出或凹入的砖面，这里通常为墀头部位砖雕艺术装饰的重点部位——盘头，主要雕刻装饰有喜鹊登梅、狮子绣球、玉堂富贵、状元及第、博古炉瓶等富有美好象征寓意的装饰图案（图4-18），上身和下碱部位多以云纹、卷草纹及其他花卉植物纹样简单装饰（图4-19），在重点突出盘头装饰的基础上使墀头整体呈现和谐统一。墀头其实在这一地区整个传统民居的建筑中只能算微小的一方天地（图4-20），但在这有限的空间中院落的主人和工匠却尽情地挥洒着自己丰富的想象和情感，鲜活了墙头屋顶。它们是对美好生活的向往，是对封侯拜相的渴望，是对清高雅逸的追求。

图4-17 周家大院门楼墀头砖雕装饰

图片来源：作者摄于凤翔区通文巷。

图 4 - 18 刘家大院门楼墀头砖雕装饰

图片来源：作者摄于渭滨区冯家塬村。

图 4 - 19 周家大院厅房墀头砖雕装饰

图片来源：作者摄于凤翔区通文巷。

（四）墙壁

墙壁在我国传统建筑中是人们用来划分和利用空间的屏障。根据墙壁位置的不同大致可以分为山墙、槛墙、檐墙、女儿墙等10余种墙壁。在陕西关中西部地区传统民居的建筑构造中已经对该地区传统民居建筑常用的院墙、山墙、檐墙、槛墙四种墙壁做了较为详细的构造介绍，这些墙壁的围合形成了传统民居的建筑和院落，同时由于这些墙壁的平面面积较大且都位于院落较为显眼的位置（陕西关中西部地区亦把此类墙壁称为"看墙"），因此它们也是这一地区整个传统民居院落中砖雕装饰较为集中的区域（图4-21）。通常以深浅浮雕相互结合的雕刻形式，选

图4-20 温家大院门房墀头砖雕装饰

图片来源：作者摄于扶风县小西巷。

取"狮子""蝙蝠""麒麟""仙鹤""鹌鹑"等动物和"莲花""梅花""牡丹"等植物的图案（图4-22），并将"二十四孝""和合二仙""天官赐福""渔樵耕读""三星高照"等寓意吉祥美好的故事场景作为雕刻内容（图4-23），精美地展现在这些墙壁上，来寓意院落主人对富贵平安的向往和福禄寿喜的企盼（图4-24）、（图4-25）。

（五）影壁

影壁，又称"照壁""照墙""萧墙"，是我国传统建筑中不可或缺的重要组成部分。影壁起源于西周时期的陕西关中西部地区，岐山县凤雏建筑遗址中的影壁是我国最早的影壁遗址。它是位于院落大门或里或外，而且与大门相对并保持一定距离的独立墙体，既有观赏的

图 4 – 21　温家大院山墙砖雕装饰　　**图 4 – 22　周家大院山墙砖雕装饰**

图片来源：作者摄于扶风县小西巷。　　图片来源：作者摄于凤翔区通文巷。

图 4 – 23　温家大院院墙砖雕装饰

图片来源：作者摄于扶风县小西巷。

图 4-24　温家大院看墙砖雕装饰

图片来源：作者摄于扶风县小西巷。

　　效用，又有调节空间的功能，同时也是一种十分重要的、实用的建筑模式。它不仅能够将建筑院落的内外空间进行相对分割，避免外界对院落内部的一目了然，而且可以作为人们日常生活中辟邪驱魔、阻挡不祥的重要屏障，来满足人们的心理需求，同时还赋予了其美好的外部装饰，成为凸显和张扬个性的重要载体。

　　影壁按照其类型主要分为门外影壁和门内影壁，其中又分为"三滴水式影壁""一字影壁""撇山影壁""座山影壁"等多种样式。在陕西关中西部地区的传统民居中门外影壁和门内影壁均有建造，主要采用"一字影壁"（图 4-26）和"座山影壁"（图 4-27）的样式。它们基本都为砖砌结构，由壁顶、壁心和壁座三部分组成。壁顶犹如建筑中的房顶，但面积较小，壁顶饰有筒瓦，四角有起翘，中央有屋脊，正脊两端的垂脊前端雕饰有脊兽；壁心是影壁的主体部分，也是砖雕装饰的重点部位，多集中于壁心中央和四角，雕刻内容通常是由狮子、麒麟、仙鹤、喜鹊、莲花、牡丹、梅花等动植物元素组成的吉祥

图4-25 马家大院院墙砖雕装饰

图片来源：作者摄于凤翔区刘淡村。

图4-26 刘家大院一字影壁砖雕装饰

图片来源：作者摄于渭滨区冯家塬村。

图4-27 周家大院座山影壁砖雕装饰

图片来源：作者摄于凤翔区通文巷。

图案且赋予美好的寓意，例如，在扶风县西小巷温家大院的影壁中央以"鲤鱼跳龙门"的图案进行雕刻装饰寓意奋发向上和飞黄腾达（图4-28），在"座山影壁"中神龛与壁心砖雕装饰融为一体的手法也较为多见；壁座是整座影壁的基础，多为须弥座造型建造，主要以植物图案进行雕刻装饰。

影壁是陕西关中西部地区传统民居中较为讲究的辅助构件，而其中的砖雕装饰无论是图案的选择还是雕刻的工艺都是该地区传统民居

图 4 - 28　温家大院影壁砖雕装饰

图片来源：作者摄于扶风县小西巷。

砖雕装饰中最为浓重的一笔，有时甚至可以在同一座影壁上以多种雕刻工艺和极其丰富的题材雕刻作品。它不仅能够美化和优化建筑的空间，而且其中通过砖雕装饰所呈现的图案还可以实现跨时空、跨时代的对多代人进行道德伦理的教化，同时也是哲学、文学、美学和民俗观念的融合体。

（六）神龛

神龛泛指旧时我国民间放置道教神仙塑像和祖宗灵牌的小格。在陕西关中西部地区的传统民居中神龛特指院落中供奉"土地神""财神""灶神"的神位。① 在这一地区的传统民居中，由于受到地域民俗

---

① 参见李琰君《陕西关中传统民居建筑与居住民俗文化》，科学出版社 2011 年版，第 153 页。

文化和信仰的影响，几乎每家每户都会设置神龛来供奉神灵，其中"土地神"神位在所有神龛中尤为讲究和抢眼。它一般设于大门正对的山墙、影壁以及大门内侧的侧墙上（图4-29），以深、浅浮雕相结合的手法，用"祥禽瑞兽""花卉草木"等图案雕刻而成（图4-30），雕工细腻且装饰考究，宛如一个缩小比例的建筑模型，虽然尺度较小，但却显得异常别致。

图4-29　刘家大院神龛砖雕装饰

图片来源：作者摄于渭滨区冯家塬村。

图4-30　赵家宅院神龛砖雕装饰

图片来源：作者摄于陈仓区居村。

（七）门楼

门楼在传统民居建筑中是院落主人身份和地位的象征（图4-31），也是建筑雕刻装饰的重点区域，通常由砖雕、石雕、木雕三种雕刻装饰共同组成（图4-32），以示门楼装饰的精美。陕西关中西部地区传统民居的门楼大多亦是如此，但有少部分门楼以通体砖雕而筑，宛如众多门楼中的一朵奇葩，不落世俗且显得个性十足。例如，扶风县西小巷温家大院的二道门门楼，整个门楼自上而下均有砖雕构筑而成，门楼虽小但却显得十分精致华丽，是目前陕西关中西部地区乃至整个关中地区保存最为完整的砖雕装饰门楼（图4-33）。门楼顶部以芙蓉

图 4 - 31　周家大院二进院门楼砖雕装饰

图片来源：作者摄于凤翔区通文巷。

图 4 - 32　马家大院门楼装饰

图片来源：作者摄于凤翔区刘淡村。

图 4 – 33　温家大院二进院门楼装饰

图片来源：作者摄于扶风县小西巷。

和牡丹纹样的装饰构建楼脊（图 4 – 34），上部以鹿、鹌鹑、麒麟、蝙蝠、桃子、石榴等图案的装饰组建楼体，中间部分以蝙蝠、牡丹、梅花、"四艺图""状元及第"等图案进行装饰，下部以"卐"字纹样和连绵不断的云纹进行装饰（图 4 – 35），门的周围以"渭北祥云绵世泽，终南佳气耀中庭"，横批为"福缘善庆"的楹联进行装饰，整个门楼的砖雕装饰不仅雕刻工艺考究，而且装饰内容和寓意极其丰富，使得院门就匠心独特的传统民居院落更加精致，人文气息也更加浓郁。

二　木雕装饰

木雕是从木工中分离出来的一个工种，亦称"精细木工"，是以木为材而进行的雕刻艺术。它起源于距今 7000 多年前新石器时代的浙江余姚河姆渡文化，而木雕作为我国传统建筑的装饰则始于西周，成熟于北宋，明清时期达到顶峰。

我国的传统建筑，无论是皇家的宫殿庙宇还是官员百姓的私人住宅，一直都以木构架的结构建造，进而形成了我国独有的木构架建筑文化，这种特殊的建筑结构由诸多的建筑构件组合而成，智慧的先民们将这些构件的连接处和节点部位加以木雕进行装饰，使之符合建筑审美的需要。这些木雕与木构架的组合和各构件的造型紧密结合，根据建筑和木材自身的特点量材加工、精雕细琢，使建筑和装饰、结构和审美紧紧相连、丝丝入扣，完全融于建筑整体，久而久之，成为中

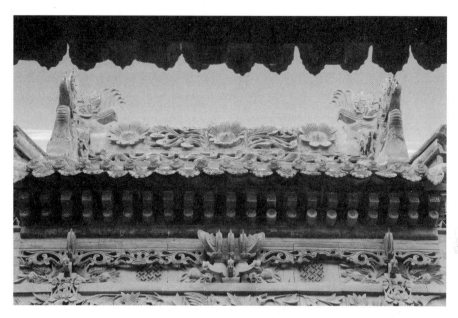

图 4 - 34　温家大院二进院门楼楼脊砖雕装饰

图片来源：作者摄于扶风县小西巷。

图 4 - 35　温家大院二进院门楼顶部砖雕装饰

图片来源：作者摄于扶风县小西巷。

国传统建筑中不可缺少的一部分，形成了和谐统一的整体建筑外观（图4−36）。

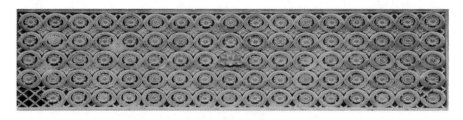

图4−36　杨家宅院正房横披窗木雕装饰

图片来源：作者摄于陇县儒林巷。

陕西关中西部地区的传统民居以土木或砖木结构为主，建筑主体结构均由木构架组合而成。这些木构架除了具有相互支撑的实用功能，还能够通过对建筑结构构件的装饰加工来美化建筑。[1] 这一地区传统民居的木雕装饰主要集中于门窗、额枋、挂落、匾额等部位。民间的工匠常常也会根据装饰部位的不同采用不同的工艺和技法，如在房架等较高、较远的部位，常采用镂空雕法，外表简朴粗犷，适宜远观；而在门、窗等较近部位，则采用浅浮雕和圆雕的手法，来展现其自身的工艺精湛与富贵华丽。在雕刻和装饰中，木材的使用种类也比较宽泛，并非一味地追求木材的名贵与木质的细腻和坚韧，善于巧妙利用不同花色、纹理、质地的木材来进行搭配组合，体现不同木材所带来的质地、色彩和肌理，给人以独特的艺术感受。

（一）门窗

我国的传统建筑自夏商时期就有了对门窗的记载。唐宋时期，随着木构建筑的快速发展，门窗的样式也日趋丰富，除原有样式外，隔扇门窗开始兴起并广泛使用。明清时期传统建筑达到鼎盛时期，从较多的建筑遗存中能够看出除了样式更为丰富，对于装饰也更为讲究。

陕西关中西部地区的传统民居，主要为明清时期的遗存，砖木和

---

① 参见楼庆西《中国建筑二十讲》，生活·读书·新知三联书店2001年版，第250页。

土木结构的建筑构造和当时的建造材料决定了这一地区传统民居以木为材的门窗构造，因此门窗便成为木雕装饰的重要载体。这些木雕装饰不仅用料考究，而且受各种因素的影响常常装饰精美，主要对门窗的门簪、窗棂、裙板和绦环板四个部分进行雕刻装饰。门簪是用于安装门扇上轴的连楹固定在上槛的构件，犹如一个大木销钉，将构件紧紧连接到一起，有方形、菱形、六边形等多种样式（图4-37），通常以圆雕和浮雕相互结合的方式将代表一年四季的牡丹、荷花、菊花、梅花雕刻其中（图4-38），来寓意一年四季的平安、富庶和吉祥；窗棂是窗框中由横竖木格条组合而成的各种棂花图案，通常以"工"字式、"卐"字式、"回"字式、直棂式、花结式等30余种花纹装饰（图4-39），是传统建筑门窗里最具魅力的地方，该地区传统民居中的窗棂装饰形式多样又变化无穷，依据院落主人地位、实力、喜好和

图4-37 张家宅院门簪木雕装饰

图片来源：作者摄于陇县洞子村。

图4-38 宋家宅院门簪木雕装饰

图片来源：作者摄于陇县南大街。

图4-39 刘家大院正房窗棂木雕装饰

图片来源：作者摄于千阳县启文巷。

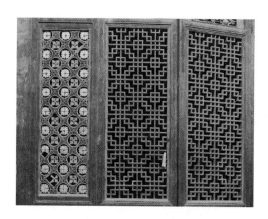

图4-40 马家大院门房窗棂木雕装饰

图片来源：作者摄于凤翔区刘淡村。

图4-41 温家大院厅房裙板木雕装饰

图片来源：作者摄于扶风县小西巷。

传统民居建筑使用功能的不同会以形色多变的棂花样式分别运用插脚雕花、色垫雕花、花结雕花、镶嵌雕花的手法对窗棂进行雕刻装饰（图4-40），在满足门窗实用功能的前提下展示民居建筑的精细之美；裙板是位于隔扇门窗下部，中、下绦环板之间的木质构件，是门窗中面积最大一部分，通常以浅浮雕的雕刻手法在面向院落的一面雕刻有"二十四孝""戏曲故事""博古图""四艺图"等寓意性极强的图案（图4-41），来表达院落主人清雅、高贵的意志和尊敬长者、孝敬父母的美好品德；绦环板是木质门窗上抹头之间所镶嵌的横板，亦称"腰板"，是中国传统建筑和该地区传统民居门窗装饰中的重点部位，对绦环板的雕刻装饰不仅雕刻图案选取丰富而且雕刻手法多变，常以深浅浮雕与透雕相互结合的方法，将鹌鹑、仙鹤、莲花、凤凰、牡丹等（图4-42）动植物图案和八宝、八吉祥、四君子等（图4-43）花卉文字图案以考究的工艺雕刻装饰其中，通过借喻、双关、谐音、比拟和象征等手法，与人们的情感和精神追求紧密相连，以各类吉祥的图案表达出院落主人对幸福美好生活的追求和各类的情感诉求。

图 4 – 42　杨家宅院正房绦环板木雕装饰 1

图片来源：作者摄于陇县儒林巷。

图 4 – 43　杨家宅院正房绦环板木雕装饰 2

图片来源：作者摄于陇县儒林巷。

图 4 – 44 樊家宅院二进院垂花门木雕装饰

图片来源：作者摄于陇县儒林巷。

（二）梁架

梁架是我国传统木结构建筑中各个构件的统称，主要由柱、梁、枋等构件组合而成。在我国传统建筑中木雕装饰一般分为小木雕刻和大木雕刻两个大类。小木雕刻主要指门窗及家具的装饰雕刻；大木雕刻则主要指建筑中梁、枋、檩、斗拱等建筑梁架上的装饰雕刻（图 4 – 44）。其中每个构件又有独特的装饰手法与之相适应（图 4 – 45），或将其通过彩绘与雕刻以建筑装饰取胜，或以素朝天尽显材质与结构的本色之美（图 4 – 46）。

陕西关中西部地区的传统民居除窑洞以外均以木为材并强调构架的组合方式，每个构件的节点都是施展雕刻技艺的载体。由于各木构件位置、功能、形状的不同，雕刻手法和雕刻题材、内容也有所差异。在这一地区的传统民居中主要对梁架中的斗拱（图 4 – 47）、额枋、挂落等结构进行大木雕刻装饰。斗拱是我国汉族传统建筑中特有的建筑构件，位于立柱顶、额枋和檐檩间，早在战国时期就已经在建筑中开始使用。由于自唐代开始，斗拱的使用已经开始有了严格的限定，因此在该地区的传统民居中使用的大都是较为简易的斗拱，用于门楼、厅房、正房等院落主要建筑顶部的建造，并以圆雕和浮雕的形式多将吉祥花卉雕刻、绘制其中，用于构件节点的装饰（图 4 – 48）；额枋也叫檐枋，是我国传统木结构建筑中檐柱与檐柱之间的联系构件，主要作用是承托上部的头拱，由于在建筑中额枋处于较为显要的部位，通常把它作为建筑梁架的重点装饰部件。在这一地区的传统民居中，额枋为大木雕刻装饰最为重要的载体，依据其不同的部位将莲花、牡丹、

图4-45 杨家宅院正房额枋及垂花柱木雕装饰

图片来源：作者摄于陇县儒林巷。

图4-46 张家宅院阁楼木雕装饰

图片来源：作者摄于陇县洞子村。

图 4 - 47 刘家大院二道门门楼斗拱及垂花门木雕装饰

图片来源：作者摄于渭滨区冯家塬村。

图 4 - 48 顾家宅院门楼斗拱木雕装饰

图片来源：作者摄于渭滨区益门堡。

凤凰、蝙蝠等（图 4 - 49）动植物纹样以圆雕、浮雕、透雕三种形式相互结合的手法进行雕刻装饰（图 4 - 50），来弱化木构架表面的枯燥和生硬，同时寓意生活的富贵和吉祥；挂落是传统民居建筑中紧贴额枋下部的装饰构件，也是这一地区传统民居大门和屋门的第一道风景线，常以浮雕和透雕的手法，将祥禽瑞兽、琴棋书画、吉祥花卉、藤蔓植物或连绵的几何图形以精湛的工艺雕刻成镂空的木格板或雕花板嵌于额枋下部（图 4 - 51），用来丰富传统民居建筑的层次和划分空间，并将子孙连绵不断、生活富贵平安等美好的寓意融于其中（图 4 - 52）。

图 4 - 49 周家大院厅房额枋木雕装饰

图片来源：作者摄于凤翔区通文巷。

（三）匾额

匾额又称"扁额""扁牍""牌额"，简称"扁"或"匾"，是我国传统建筑装饰中的重要组成部分。它犹如传统建筑的眼睛和灵魂，成为我国传统建筑中一道亮丽的风景线，渗透着封建的伦理教化，有较强的熏陶感染作用。东汉著名的文学家和经学家许慎在其所撰的《说

图 4 – 50　温家大院厅房额枋木雕装饰

图片来源：作者摄于扶风县小西巷。

图 4 – 51　周家大院挂落木雕装饰

图片来源：作者摄于凤翔区通文巷。

图 4-52　温家大院大门额枋木雕装饰

图片来源：作者摄于扶风县小西巷。

文解字》中讲："扁，署也，从户册。户册者，署门户之文也。"① 从中可以看出匾额即悬挂于门屏之上、屋檐之下的牌匾，用以装饰之用，反映建筑物的名称与性质，是表达人们情感的文学艺术形式，是中华民族独特的民俗文化精品。清《说文解字注》中记载："汉高六年（公元前 200 年）萧何所定，以题苍龙、白虎二阙。"通过这段历史文字的记载可知，中国最早的匾额是西汉丞相萧何为长安未央宫苍龙、白虎二殿所题，距今已有两千多年的历史。几千年来，它把中国古老的传统文化中所流传的辞赋诗文、书法篆刻与建筑艺术融为一体，集书、印、雕、色于一体，通过凝练的诗文、精湛的书法和深远的意蕴成为中国传统建筑的一朵奇葩。②

① 李琰君：《陕西关中传统民居建筑与居住民俗文化》，科学出版社 2011 年版，第 112 页。
② 参见李琰君《陕西关中传统民居建筑与居住民俗文化》，科学出版社 2011 年版，第 112 页。

陕西关中西部地区传统民居的匾额从材质可以分为木质、砖质和石质三种材质，依据门框建筑形式和所用材料的不同而各有所异，其中木质匾额的使用最为广泛，常以长方形状置于带有儒雅之气的门框之上，因地因境地运用正、草、隶、篆四种字体，以蓝底金字、金底黑字和黑底金字的形式将各类经典文字雕刻其中，并饰以与之相应色彩的边框，使其绚丽多彩。

我国传统民居匾额中文字的内容主要分为四种类型：第一类是以"进士""登科""文魁"等显耀其官位的内容；第二类是以"树德第""慈孝第""诗礼第""安详恭敬"等体现富而知礼的内容；第三类是以"瑞气用凝""惠迪吉""紫气东来"等祝福类的吉语；第四类则是以"庆有余""话桑麻""耕读传家""陋室德馨"等体现院落主人志趣和向求的内容。[1] 陕西关中西部地区的传统民居主要选取第三类和第四类内容来对匾额进行雕刻装饰，常以"耕读传家""勤俭持家""忠厚传家""永我岁新"（图4-53）等文字内容雕刻其中，使得这一地区传统民居的建筑装饰生气盎然、意境深邃（图4-54），同时又起到了令人深思、引人联想的教化作用，既实现了对这一地区传统民居建筑外部的精美装饰（图4-55），又起到了对传统民居整体建筑画龙点睛的艺术效果（图4-56）。

（四）楹联

楹联，俗称"对子""对联"，是写在纸和布上或刻于竹、木、砖、石等材料上面对偶的句子，因其在古时常悬挂于我国传统建筑的楹柱之上而得名楹联。楹联的雏形为秦汉时期春节时悬挂的"桃符"，即写有降鬼之神"神荼"和"郁垒"名字的两块桃木板，并悬挂于门的左右两侧，用以驱鬼降魔。[2] 楹联具有双联字数相等，断句一致；平仄协调，音调和谐；词性相对，位置相同；内容相关，上下衔接的特征，是一种对仗的文学，也是中华语言的一种独特艺术形式。而其中背后的哲学渊

---

① 参见李琰君《陕西关中传统民居建筑与居住民俗文化》，科学出版社2011年版，第113页。

② 参见姚永柱《咸阳庄园》，陕西人民美术出版社2008年版，第133页。

图 4 - 53　孙家大院门房匾额木雕装饰

图片来源：作者摄于陇县枣林寨村。

图 4 - 54　孙家大院正房匾额木雕装饰

图片来源：作者摄于陇县枣林寨村。

图 4 – 55 周家大院厅房匾额木雕装饰

图片来源：作者摄于凤翔区通文巷。

图 4 – 56 温家大院厅房匾额木雕装饰

图片来源：作者摄于扶风县小西巷。

源就是广泛地浸润到古代中国人对自然界和人类社会万事万物的认识
和解释的阴阳二元的观念。这种观念渊源甚远，老子云："万物负阴
而抱阳，冲气以为和。"《易传》谓："一阴一阳之谓道。"《黄老帛
书》则称："天地之道，有左有右，有阴有阳。"因此，楹联在传统民
居中除了本身的装饰作用以外还和传统民居的营建一样体现着阴与阳
的平衡。

　　陕西关中西部地区传统民居中的楹联装饰主要以木质和砖质两
种材质为主，砖质多位于二道门门楼两侧，木质的则更加广泛，多
用于民居建筑的檐柱、太师壁、厅房明间的墙壁等位置，雕刻的形
式和手法与匾额较为相像，多以"立德处事""传家课子"等为主
要内容来进行雕刻装饰，用来实现对子孙的世代教化（图 4 – 57），
并且在丰富传统民居院落装饰的同时表现出院落主人的文化情怀
（图 4 –58）。

图 4 –57　周家大院厅房楹联木雕装饰

图片来源：作者摄于凤翔区通文巷。

图 4 - 58   周家大院太师壁楹联木雕装饰

图片来源：作者摄于凤翔区通文巷。

三   石雕装饰

石雕是我国古老的一种建筑装饰艺术。它是以物质生产为基础，伴随着建筑艺术的发展和砖制材料在建筑中的应用而出现的，是为满足人们的精神需求、信仰需求和审美需求等社会生活需要而创造的艺术形式。人类以石为材进行雕刻的历史较为久远，早在原始社会时期，就开始对石头进行雕刻和美化加工，进入明清时期石雕艺术广泛运用于传统民居的营建，其与木材相比具有不怕水火、坚固耐久的优点，与砖材相比，具有抗腐蚀和更为坚实的优势，它不仅结构巧妙、艺术性强，而且营造合理与整个建筑浑然一体。陕西关中西部地区传统民居中的石雕艺术，没有耀眼绚烂的外表却朴素生动，以动物、人物、花鸟、草木等元素组成寓意吉祥美好的图案，用浮雕或圆雕的形式表现于柱础、门枕石、拴马桩、上马石等建筑附属构件，在赋予建筑丰富形象的同时充分表达了房屋主人的气质修养，兴趣爱好和社会地位。

（一）柱础

柱础亦称"礩盘"，在陕西关中西部地区也称为"柱顶石"，是我国传统建筑中主要的石质建筑构件，也是传统建筑的奠基石，对于防止建筑的坍塌有着无可替代的重要作用。北宋的《营造法式》记有："柱础，其名有六，一曰础，二曰礩，三曰舄，四曰踬，五曰碱，六曰磶，今谓之石碇。"我国传统建筑大多以木构为主，砖、土、瓦、石为辅。建筑物由上部的屋顶，中部的柱子、门窗、墙壁，下部的基座组成。由于中部的门窗和墙壁仅起围挡作用，建筑所有的重量均由柱子承担，因此柱子在我国传统建筑中有着举足轻重的作用。柱子的稳固与否，和基座有极大的关系，柱础是柱子与基座连接的唯一载体，并且将柱子集中的载荷传递于基座，同时因其耐腐性强且高于地面，能够很好地避免柱子腐蚀和破损。

柱础自上而下由顶、肚、腰、脚四个部分组成。础顶是柱础顶部与柱子相接的部位，由于其所处的位置与人的视觉接触面积较小且为了更好地衬托出柱肚部位的雕刻装饰，所以此处装饰较为简单或表面素平不做装饰；础肚位于整个柱础的上半部，是整个柱础雕刻装饰的主要表现部位，也是整个柱础最富趣味的部位，此部位不仅外形多变，而且图案寓意丰富，雕刻工艺考究；础腰是为丰富柱础的层次在础肚与础脚之间缩紧的部位，为衬托上段凸出的础肚，通常雕刻装饰较少，仅作外形曲线的变化；础脚是柱础于地面基座相接的部位，也是将柱子所有载荷传向地面的部位，宽度大于础腰小于础肚，外形常与础肚一致，亦有六方形、八方形与圆形相互结合而制的，该部位雕刻装饰多变，繁简结合，有的结合整个柱础的造型将狮子以圆雕的方式雕刻于础脚部位进行装饰，有的以浅浮雕的方式雕刻简单纹饰进行装饰。

柱础起源于殷商时期，著名的建筑学家梁思成先生认为在河南安阳出土的殷商房屋遗址中的天然卵石为我国最古础石之遗例。宋代对柱础形制已有具体规定，《营造法式》中载："造柱础之制，其方倍柱之径，谓柱径二尺即础方四尺之类。方一尺四寸以下者，每方一尺厚八寸，方三尺以上者，厚减方之半；方四尺以上者，以厚三尺为率。"明清时期，柱础的制作无论是在形制还是雕饰都已经达到了极高的水平。外形有鼓形、六边形、花瓶形、兽形、宫灯形等多种样式，通过浮雕、透雕与圆雕相互结合的雕刻手法，将琴棋书画、狮子绣球、民间八宝等寓意吉祥美好的图案，雕刻装饰于柱础之上，用于凸显石雕装饰的精美和细腻，展现院落主人的情操与愿望。

陕西关中西部地区传统民居中的柱础根据其可见面的完整性可以分为两大类型：一类用于门廊，可见柱础的两面或者三面（图4-59）；另一类则作为独立的立柱基础，可将柱础的多面完全外露（图4-60）。两者在造型和纹饰上都颇为讲究，以瓜形、扁鼓形、方鼓形六边形、八边形等形式为主（图4-61），运用圆雕、浮雕、透雕（图4-62）多种雕刻工艺相结合的方式，将动物、花草、龙纹、回纹、云纹等（图4-63）元素组成的吉祥图案雕饰其中，在美化传统民居院落建筑石质构件的同时表达了院落主人对吉祥平安与子孙绵延生活的期盼。

图4-59 温家大院厅房柱础石雕装饰

图片来源：作者摄于扶风县小西巷。

（二）门枕石

门枕石，也称"门墩""门座"，是我国传统建筑中门下轴的生根点，主要用于承载门和门框以及安装和稳固门槛。在我国古代，铰链与合页还未在门上使用，主要依靠门框的连楹和门枕石来固定门的上下轴，因其需承受门的重量，所以都以石材制作，且通常门内部分较短作为承托构件，而门外部分则较长作为平衡构件，用来平衡门扉的重量。由于门内部分石料面积较小且不被他人所见，一般很少美化装饰，而门外部分通常石料较大且位于大门较为醒目的位置，于是同大

图 4 - 60　周家大院厦房柱础石雕装饰

图片来源：作者摄于凤翔区通文巷。

图 4 - 61　周家大院跨院厦房柱础石雕装饰

图片来源：作者摄于凤翔区通文巷。

图 4 – 62　温家大院门房柱础石雕装饰

图片来源：作者摄于扶风县小西巷。

图 4 – 63　周家大院厅房柱础石雕装饰

图片来源：作者摄于凤翔区通文巷。

门的其他部件合成为一个整体作为门楼的重要组成部分，成为民居院落主人炫耀门庭和身份象征的重要装饰载体。

门枕石按照雕刻外形可以分为狮形、圆形、方形三种类型。由于门楼的装饰与主人的身份和地位息息相关，因此作为门楼装饰中的重要组成部分，门枕石类型的不同直接反映着院落主人的社会地位与经济水平，其中狮形级别最高，圆形次之，方形最低。狮形门枕石也称"门墩狮"，因狮子性凶猛，所以常用作护卫大门的神兽，在宫殿、寺庙、王府等我国的传统建筑中常常能够见到狮子把门。狮形门枕石的狮子形象相比大门前独立的石狮更为自由，或站立，或蹲坐，或抚弄幼狮子，表情也不仅是凶狠之状，从中透漏的是驯服、嬉笑和顽皮，常用于豪门大宅院中的官宦人家。雌雄双狮各居左右，雄狮右爪下雕有绣球，俗称"狮子滚绣球"，象征将权力置于掌握之中；雌狮爪下雕有幼狮，宛如慈祥的母亲正在抚摸自己的孩子，俗称"太狮少狮"，象征子嗣昌盛，世代高官。圆形门枕石也称"抱鼓石""门鼓""圆鼓子"，顾名思义，就是门墩的主体为石鼓状。将鼓刻于门前原因有二：一是把石鼓看作避灾驱邪之物；二是古代官府前设鼓，审理案件时"击鼓升堂"，鼓楼上设鼓，在报时时"击鼓定更"，这些官方设立的鼓均在不同地点通过声音传播信息，官宦宅院幽深，石鼓象征以声音传播信息，寓意院落主人地位高贵。而在民间流传最多的则是尧舜时期，政治清明，百姓安居乐业，信息传达通畅，取"尧设谏鼓，舜立谤木"之据，寓意为欢迎来人之意。抱鼓石在明清时期之前曾是功名的标志，只能用在官宦人家门前，其余不论富商还是百姓门前只能用一般的方形门枕石，直至明清之后富户门前才开始使用抱鼓石作为门枕石。抱鼓石的装饰与其他门枕石相比也较为讲究，祥禽瑞兽、鱼虫花鸟、植物纹样等都是主要的雕刻题材，并运用多种雕刻工艺将它们装饰于抱鼓石的鼓顶、鼓面、鼓座，用来显示大户人家的豪门威严，并寓意同堂和睦与富贵吉祥。方形门枕石也称"石座门枕石""箱形门枕石"，顾名思义就是将处于门枕石外部的主体部分以方形为主来进行雕刻制作。封建社会时期，等级森严，建筑中各类建筑构件的使用都有着严格的规定。狮形门枕石是官宦人家守护大门的专属，抱鼓石是富有居民的门前所用，普通百姓只能使用方形门枕石，不过为了显示富贵，有时会将门枕石修建的比较高大，甚至两层石座相互叠加与抱鼓石的高度相当，同时由于方形门枕石有更多的立面可供雕刻装饰，院落主人会将各类寓意富贵吉祥的图案精美地雕刻其中，在将美好的愿望淋漓尽致的展现的同时使民居门楼的装饰更加精美。正如我国著名的建筑学家吴良镛先生所言："它已经不仅是一种样式，而是植根于生活的深层结构，是一种居住文化的体现。"①

陕西关中西部地区传统民居中的门枕石，主要以圆形门枕石和方形门枕石两种类型为主，圆形的主要用于官员和富商的豪门大宅院大门，方形的主要用于普通百姓民居院落的大门和纵向多进式与横向联院式民居院落中的其他院门（图4-64）。作为该地区传统民居院落门

图4-64　周家大院二道门门枕石石雕装饰

图片来源：作者摄于凤翔区通文巷。

---

① 逯海勇、胡海燕：《传统宅门抱鼓石的文化意蕴及审美特色》，《华中建筑》2014年第8期。

楼的重要组成部分，常以圆雕和浮雕相互结合的雕刻方式，将狮子、麒麟、仙鹤、莲花、荷花、牡丹、葡萄、八宝等组成的装饰图案雕刻装饰其中，形象生动，变化多端（图4-65）。其中千阳县刘家大院（图4-66）、扶风县温家大院（图4-67）、凤翔区周家大院（图4-68）和马家大院（图4-69）的圆形门枕石雕刻装饰最为精美。它与门簪、额枋、墀头等其他构件一起组成民居中的门楼来表明院落主人的社会、经济、政治的等级与地位，院落主人也通过这些寓意美好的雕刻装饰为自己和整个家族祈福纳祥。

图4-65　刘家大院二道门门枕石石雕装饰　　　图4-66　刘家大院大门门枕石石雕装饰

图片来源：作者摄于渭滨区冯家塬村。　　　　图片来源：作者摄于千阳县启文巷。

（三）拴马桩、上马石

拴马桩和上马石并不属于传统民居的建筑本身，都是传统民居的从属品，但是它们却与传统民居关系紧密，和民居院落中人们的生活息息相关。其中，拴马桩也称"望桩""拴马石"，是我国北方民间独有的民间石雕艺术品（图4-70），也是陕西关中民居中特有的装饰艺术品，特别是在陕西关中地区渭北高原的澄城县，由于曾与胡人交往

**图 4 - 67　温家大院大门门枕石
　　　　　　 石雕装饰**

图片来源：作者摄于扶风县小西巷。

**图 4 - 68　周家大院大门门枕石
　　　　　　 石雕装饰**

图片来源：作者摄于凤翔区通文巷。

密切，而马又为胡人的主要交通工具，分布尤为集中，其数量和种类堪称"独一无二"（图 4 - 71）。它是过去乡绅大户等殷实富裕之家拴系骡马的雕刻实用条石，以坚固耐磨的整块青石雕凿而成，一般通高2—3 米，宽厚相当，约 22—30 厘米，分为桩头、桩颈、桩身、桩根四个部分，桩头通常为整个拴马桩的重点雕刻装饰部位（图 4 - 72），常栽立在民居建筑大门的两侧，人们称它为"庄户人家的华表"[①]。而上马石则顾名思义为古时人们上下马匹的重要器物，一般设置于宅门前的两侧，由具有两级台阶的整块青石所制，第一步高约 30 厘米，第二步高约 60 厘米，从侧面看似"L"形。拴马桩和上马石常配套使用，并且作为传统民居的从属品，通过对它们的雕刻装饰，不仅成为

---

① 曹军：《庄户人家的华表渭北高原的拴马桩》，《收藏》2016 年第 4 期。

居民院落建筑的有机组成部分，而且和门前的石狮一样，既有装点建筑炫耀富有的作用，同时还被赋予了避邪镇宅的意义。①

在陕西关中西部地区的传统民居中，虽然与位于关中地区渭北高原的澄城县同属一个区域，但是在对于拴马桩和上马石的使用以及数量并未像渭北一样比比皆是、星罗棋布，仅在经济水平较为富庶的大户人家门前使用，并且通常会在拴马桩的桩头和桩颈部位以及上马石的正面和两侧加以雕刻装饰。其中拴马桩的桩头一般以圆雕的手法雕刻石狮或石猴，用来镇宅辟邪或取意"马上封侯"（图4-73）；桩颈四周以浮雕的手法雕刻博古、花鸟、云纹、回纹等图案来简单装饰，从而进一步突出桩头的圆雕装饰；而在上马石的正面及两侧则重点雕刻有祥禽瑞兽、吉祥花卉、神话故事等内容的图案（图4-74），用来显耀院落主人的身份、地位和表明心中的美好愿望（图4-75）。

图4-69 马家大院大门门枕石石雕装饰

图片来源：作者摄于凤翔区刘淡村。

---

① 参见盛光伟《民间石刻在景观设计中的应用》，《当代艺术》2011年第12期。

图 4-70 和合二仙拴马桩雕刻装饰

图片来源：作者摄于西安关中民俗博物院。

图 4-71 胡人骑兽拴马桩雕刻装饰

图片来源：作者摄于西安关中民俗博物院。

图 4-72 猴子拴马桩雕刻装饰

图片来源：作者摄于西安关中民俗博物院。

图 4-73 周家大院拴马桩石雕装饰

图片来源：作者摄于凤翔区通文巷。

图 4 – 74　马家大院上马石石雕装饰 1

图片来源：作者摄于凤翔区刘淡村。

图 4 – 75　马家大院上马石石雕装饰 2

图片来源：作者摄于凤翔区刘淡村。

第二节 陕西关中西部传统民居建筑装饰的图案类型

中国是世界闻名的"四大文明古国"之一，长江和黄河之水一直哺育着泱泱中华几千年的历史文明。在历史的长河中，根据中国古老的人物故事、神话传说；飞禽走兽、花鸟鱼虫；风雨雷电、日月星辰，甚至汉字符号生发和创造出各式各样的图形纹案。这些图案通常以比拟、借喻、谐音等手法赋予其丰富的寓意，来表现先民们追求美好生活的情感愿望。这些传统图案能够让我们深切地感受到中华传统文化的博大精深。

我国的传统建筑中有不计其数的传统图案在建筑的瓦作、木作和石作中形式各异地被广泛运用。陕西关中西部地区的传统民居作为我国传统建筑的重要组成部分，这些寓意确切、主题突出的传统图案主要使用在民居院落中的木雕、砖雕和石雕装饰之中，并通过这些图案和雕刻来实现院落主人祈福纳吉、驱邪禳灾和伦理教化的夙愿。这些图案雕刻内容可以分为：祥禽瑞兽、花卉草木、人物故事和文字符号四种类型。

一 祥禽瑞兽

祥禽瑞兽是陕西关中西部地区传统民居建筑雕刻装饰中使用最多的题材之一。在这些动物中，有许多来自民间神话传说，虽然大多数现实中并不曾存在，但从古至今却始终统领着大多民众的精神世界，并渗透到民俗、民风和民众生活的方方面面，成为固定的图腾并以各自特有的形象，赋予了其均不相同的法力、品行与美好寓意。① 这一地区传统民居的雕刻装饰中常用的动物有龙（图4-76）、凤（图4-77）、麒麟（图4-78）、狮子（图4-79）、蝙蝠（图4-80）、鸳鸯、喜鹊、燕子、大象、仙鹤（图4-81）、猫、鹿（图4-82）等。它们或单独

---

① 参见李琰君《陕西关中传统民居建筑与居住民俗文化》，科学出版社2011年版，第159页。

图 4 - 76　马家大院门房门框木雕装饰

图片来源：作者摄于凤翔区刘淡村。

图 4 - 77　刘家大院墀头砖雕装饰

图片来源：作者摄于渭滨区冯家塬村。

图 4-79   赵家宅院墀头砖雕装饰

图片来源：作者摄于凤县凤州村。

图 4-78   温家大院门枕石石雕装饰

图片来源：作者摄于扶风县小西巷。

图 4-80   周家大院柱础石雕装饰

图片来源：作者摄于凤翔区通文巷。

图 4-81   杨家大院绦环板木雕装饰

图片来源：作者摄于陇县儒林巷。

成图，或相互组合搭配成图，或与其他不同题材组合成图，以不同的造型结构与图案内容蕴含了不同的吉祥寓意，如龙凤呈祥、麒麟送子、松鹤延年（图 4 - 83）等，来象征民居及主人全家祥瑞降临、家族昌盛、福寿无疆（图 4 - 84）。例如，千阳县刘家大院、陇县杨家大院、扶风县温家大院、凤翔区周家大院和马家大院中在屋顶正脊两端的鸱吻砖雕装饰；凤翔区周家大院门房两侧的墀头部分以"狮子滚绣球"与"喜鹊登梅"进行的装饰和一进院东西厦房山墙上所用的"麒麟望月"（图 4 - 85）与"鹌鹑荷花"（图 4 - 86）砖雕装饰装饰；扶风县温家大院二进院门楼以"凤穿牡丹"（图 4 - 87）进行的砖雕装饰；凤翔区马家大院、扶风县温家大院抱鼓石上的"狮子""麒麟""仙鹤"石雕装饰等，这些雕刻装饰承载着陕西关中西部地区传统民居欢乐喜庆、安居乐业、富贵吉祥的美好寓意。

图 4 - 82　刘家大院门枕石石雕装饰

图片来源：作者摄于渭滨区冯家塬村。

图 4 - 83　姚家宅院裙板木雕装饰

图片来源：作者摄于陈仓区姚儿沟村。

图 4 – 84　杨家大院绦环板木雕装饰

图片来源：作者摄于陇县儒林巷。

图 4 – 85　周家大院影壁砖雕装饰

图片来源：作者摄于凤翔区通文巷。

图 4 – 86 周家大院山墙砖雕装饰

图片来源：作者摄于凤翔区通文巷。

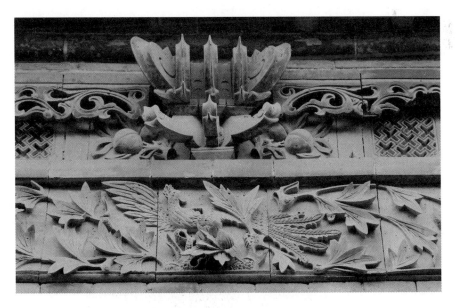

图 4 – 87 温家大院门楼砖雕装饰

图片来源：作者摄于扶风县小西巷。

二 花卉草木

花卉草木是我国传统建筑雕刻纹样中使用最为普遍，内容和范围最广的题材形式，同时也是陕西传统民居在建筑装饰中运用较多的题材形式。陕西关中西部地区传统民居的建筑装饰主要运用牡丹（图4-88）、荷花、莲花（图4-89）、水仙、菊花（图4-90）、梅花、石榴等植物纹样，并相互穿插组合成图，且图案的组合十分丰富。常用的有"岁寒三友""竹梅报喜""荣华富贵"（图4-91）"和合如意""玉堂富贵""四君子""四季花开"等10余种题材。例如，凤翔区马家大院、扶风县温家大院、陇县徐家大院、冯家塬刘家大院等屋顶正脊和垂脊的牡丹、莲花、荷花砖雕装饰（图4-92）；凤翔区周家大院厅房墀头部位的牡丹装饰（图4-93）和柱础（图4-94）与门枕石（图4-95）上大量使用的花卉砖雕装饰；扶风县温家大院二进院看墙（图4-96）和柱础（图4-97）上所用的莲花砖雕装饰；冯家塬刘家大院门房窗棂攒斗的莲花木雕装饰等，这些装饰的运用不仅能够

图4-88 马家大院门枕石石雕装饰

图片来源：作者摄于凤翔区刘淡村。

图4 – 89 马家大院绦环板木雕装饰

图片来源：作者摄于凤翔区刘淡村。

图4 – 90 温家大院绦环板木雕装饰

图片来源：作者摄于扶风县小西巷。

图 4 –91 杨家宅院绦环板木雕装饰

图片来源：作者摄于陇县儒林巷。

图 4 –92 温家大院屋脊砖雕装饰

图片来源：作者摄于扶风县小西巷。

图 4 – 93　周家大院墀头砖雕装饰

图片来源：作者摄于凤翔区通文巷。

图 4 – 94　周家大院柱础石雕装饰

图片来源：作者摄于凤翔区通文巷。

图 4 – 95　周家大院门枕石石雕装饰

图片来源：作者摄于凤翔区通文巷。

图 4 – 96　温家大院看墙石雕装饰

图片来源：作者摄于扶风县小西巷。

图 4 - 97　温家大院柱础石雕装饰

图片来源：作者摄于扶风县小西巷。

看出民居主人通过建筑装饰所要表达的美好寓意，而且能够使传统民居的建筑装饰更加富有节奏和韵律（图 4 - 98）。

三　人物故事

陕西关中西部地区传统民居的建筑装饰中，以人物故事为题材所进行的雕刻装饰是最能反映主题内容和最能展现雕刻技艺与风采的一部分（图 4 - 99）。它主要以历史故事（图 4 - 100）、神话传说（图 4 - 101）、文学作品（图 4 - 102）、演义小说（图 4 - 103）、著名事件等主题进行雕刻装饰。它画面布局丰满繁复极为考究，不仅展示了神仙人物灵动的神采（图 4 - 104），而且还反映了市井民俗生活的乐趣场景（图 4 - 105），主要有"天官赐福""二十四孝"（图 4 - 106）"渔樵耕读""和合二仙""三星高照""状元及第"等 10 余个题材。在陕西关中西部地区传统民居的建筑装饰中有大量以人物故事为题材的雕刻装饰。例如，凤翔区周家大院厅房墀头部分的以"状元及第"和"麻姑献

图 4 - 98　张家宅院绦环板木雕装饰

图片来源：作者摄于陇县洞子村。

寿"为图的砖雕装饰，以及位于大门后部石门上以"三星高照"为图的
石雕装饰；扶风县温家大院二进院门楼上方以"渔樵耕读"为图的砖雕
装饰和厅房两侧隔栅门裙板上以"二十四孝"（图 4 - 107）为图的木雕
装饰等，这些以人物故事为题材的雕刻装饰不仅展现了"三雕"的精湛
技艺，同时还使得陕西关中西部地区传统民居的建筑装饰寓意更加丰
富，其中所展现的文化内涵也更加深邃悠远。

四　文字符号

文字符号是我国传统建筑在雕刻装饰中运用较为广泛的题材之一。
陕西关中西部地区传统民居的建筑装饰中，通常以两种大的类型呈现。
一类是以来自古代青铜器皿、香炉、花瓶、酒器以及文房四宝、琴棋
书画等物进行组合所形成的具有特殊寓意的图案（图 4 - 108）和以云
纹、回纹、盘长纹等（图 4 - 109）装饰纹样将其高度简化、概括、提

图 4 - 99　马家大院院墙砖雕装饰

图片来源：作者摄于凤翔区刘淡村。

图 4 – 100　周家大院墀头砖雕装饰

图片来源：作者摄于凤翔区通文巷。

取而成的以二方连续、四方连续等构图手法对砖雕边、角进行装饰的程式化图案（图 4 – 110），有"博古图""四艺图""暗八仙""八宝纹""八吉祥""传统锦纹"等 10 种图案类型（图 4 – 111）；另一类是直接以文字形式所进行的装饰（图 4 – 112），或以"福""禄""寿""喜"等带有很强图案的吉祥文字出现，或以匾额（图 4 – 113）、楹联等形式运用"三雕"的手法进行。例如，陇县杨家大院正房隔扇门绦环板所用"四艺图"（图 4 – 114）的木雕装饰；凤翔区马家大院倒座隔扇门绦环板以"博古图"（图 4 – 115）所进行的木雕装饰；凤翔区周家大院正房墀头盘头部分的"博古图"（图 4 – 116）和厦房山墙四角所用的云纹砖雕装饰；冯家塬刘家大院门房墀头下碱部分的卷草纹砖雕装饰；扶风县温家大院二进院门楼正中的"四艺图"（图 4 – 117）和"卐"（图 4 – 118）字纹样，以及门楼两侧的"渭北祥云锦世泽，终南佳气耀中厅"（图 4 – 119）的楹联砖雕装饰，这些装饰图案的运用不仅使这一地区传统民居的建筑装饰艺术形式更为丰富（图 4 – 120），

图 4-101　周家大院门楼石雕装饰

图片来源：作者摄于凤翔区通文巷。

图 4 – 102　马家大院门枕石石雕装饰

图片来源：作者摄于凤翔区刘淡村。

图 4 – 103　周家大院门楼砖雕装饰

图片来源：作者摄于凤翔区通文巷。

图 4-104　温家大院院墙砖雕装饰

图片来源：作者摄于扶风县小西巷。

而且通过纹样对构件边角的修饰也使得这些雕刻装饰更加精致（图4-121）。

图 4 - 105　温家大院门楼砖雕装饰

图片来源：作者摄于扶风县小西巷。

图 4 - 106　温家大院裙板木雕装饰 1　　**图 4 - 107　温家大院裙板木雕装饰 2**

图片来源：作者摄于扶风县小西巷。　　　图片来源：作者摄于扶风县小西巷。

图 4 - 108　温家大院柱础石雕装饰

图片来源：作者摄于扶风县小西巷。

图 4 - 109　马家大院窗棂木雕装饰

图片来源：作者摄于凤翔区刘淡村。

图 4 - 110　刘家大院绦环板木雕装饰

图片来源：作者摄于千阳县启文巷。

图 4 - 111　温家大院绦环板及窗棂木雕装饰

图片来源：作者摄于扶风县小西巷。

图 4 - 112　周家大院大门石雕装饰

图片来源：作者摄于凤翔区通文巷。

图 4 – 113　周家大院门楼砖雕装饰

图片来源：作者摄于凤翔区通文巷。

图 4 –114　杨家宅院绦环板木雕装饰

图片来源：作者摄于陇县儒林巷。

图 4 – 115　马家大院绦环板木雕装饰

图片来源：作者摄于凤翔区刘淡村。

图 4 – 116　周家大院墀头砖雕装饰

图片来源：作者摄于凤翔区通文巷。

图 4 - 117 温家大院门楼砖雕及石雕装饰

图片来源：作者摄于扶风县小西巷。

图 4 - 118 温家大院门楼砖雕装饰

图片来源：作者摄于扶风县小西巷。

图 4 – 119　温家大院门楼楹联砖雕装饰

图片来源：作者摄于扶风县小西巷。

图 4 – 120　周家大院门楼石雕装饰

图片来源：作者摄于凤翔区通文巷。

图4-121 周家大院柱础石雕装饰

图片来源：作者摄于凤翔区通文巷。

第三节 陕西关中西部传统民居建筑装饰的文脉

文脉，狭义的解释即为一种文化的脉络，广义的理解是各个元素之间整体与局部的内在联系。建筑装饰作为艺术门类，必然与文化有着密切的联系。在我国的传统民居建筑中人们常把自己的心愿、信仰和审美观念以及自己最希望、最喜爱的东西，以写实或象征的手法反映到民居建筑装饰的方方面面。其中所用的建筑装饰题材种类繁多，但归结起来主要都围绕福禄喜庆，长寿安康；怡情养性，陶冶情操；道德伦理，德化教育；风水方位，除凶避灾来进行雕刻装饰，总的来说，就是追求平安吉祥，祈望富贵如意。

每个民族和地区都有自己的文化，不同的民族和地区，文化虽存在着差异，但是人类的共同基本生理、心理特性，使各个民族和地区在观念意识上都有一个同样的特点，就是追求吉祥、幸福，希望一切事物都能朝对自身有利的方向发展。这些因人类趋吉辟凶的观念而产生的吉祥代表物与吉祥符号，是在长期社会实践和特定的心理基础上逐渐形成的，将某些自然事物和文化事物视作吉祥的观念信仰并相信这些自然事物和文化事物能避免灾祸邪祟，获得吉庆祥瑞，因而创造了各种各样的表现形式，指引人们趋于吉祥。①

  陕西关中西部地区文化和历史积淀深厚，生长于这片厚土之上的传统民居深受该地区地域、人文、自然等各个方面的影响。因此，透过这些传统民居的建筑装饰，能够体现出该地区人民对忠孝礼义、福禄寿喜、富贵平安、勤俭廉洁等诸多的民俗观念和对我国传统文化、农耕文化的遵循与传承，而这些也正是陕西关中西部地区传统民居建筑装饰的文脉所在，更是整个陕西关中西部地区传统民居营建技艺中的"魂"。

一　忠孝礼义礼制观念的传承

  我国著名的建筑大师梁思成先生曾说过："建筑是人类一切造型创造中最大、最复杂、最耐久的一类。所以它代表的民族思想和艺术更显著、更多方面，也更重要。"礼制观念正是我国传统民居中民族性的重要体现。它是伴随着我国农耕社会的发展应运而生的产物，通过礼仪定式与礼制规范来约束人们的行为与思想，其核心提倡的是君惠臣忠、父慈子孝、兄友弟恭、夫义妇顺、朋友有信的社会秩序。特别是陕西的关中西部地区，这里历史悠久、文化底蕴深厚，周秦文明从这里发祥，所以从周秦开始一直处于主流文化圈内，当地种类繁多的民俗文化在很大程度上都深受中国历代传统文化和农耕文化的影响。陕西关中西部地区的传统民居在营建和建筑装饰题材内容的选取上往往也跟传统文化，尤其是儒家文化息息相关。作为我国各个历史朝代正统思想的儒家文化在这一座座传统民居院落的各个方面都得到有效的表达和体现。在这一地区传统民居众多的建筑装饰雕刻艺术中，体现我国忠、孝、礼、义礼制观念的雕刻装饰随处可见。例如，在所有

---

① 参见李轲《陕南传统民居建筑装饰艺术研究》，硕士学位论文，西安美术学院，2009年，第63页。

院落的建筑装饰中，对于厅房的雕刻装饰无论是从图案的寓意上还是雕刻的工艺上都显得最为精美。因为，在陕西关中西部地区和整个陕西传统民居中，厅房是整个宅院的灵魂，是各种仪式举办的场所，对厅房的考究装饰体现了家族的尊卑秩序和敬祖重礼的社会传统。又如，在凤翔区周家大院二进院院门上方的文字符号装饰"言物行恒"和西跨院院门上方的文字符号装饰"戬穀罄宜"。前者出自《易经》，意为对君子言行的约束，后者《宝鸡社会科学》编辑部主任王红波先生在查阅相关文献后解意为"与人为善，顺应自然"。再如，扶风县温家大院厅房门窗裙板上以"二十四孝"图为题材所进行的雕刻装饰。这些建筑装饰无论是从图案的寓意上还是从装饰的布局上都能够显现出院落主人和建造者的深思熟虑与独具匠心，并使的忠、孝、礼、义的礼制观念得以体现和传承。而这些精心设计在建筑装饰上的艺术，不仅使这一间间朴素的建筑富有了深刻的内涵，其中所表达的观念和思想更是在潜移默化地影响着居住者的行为规范和言谈举止，有效地体现着环境对人的一种无形教育，这种教育并不是严厉地令人生厌的说教，而是让人在欣赏美的同时对道德感的唤醒。

二　福禄寿喜人生观念的体现

中华民族自古以来就有崇尚吉利祥瑞之说和祈福纳祥的观念。这是由于人类在早期社会，自给自足的生产方式以及生产力水平和思想认识的局限，在受到天地自然、疾病灾害等生存条件的制约时，沟通现实生活和幸福理想之间的一种手段，也是人类社会在特定的历史阶段精神领域的特殊需求。我们的祖先在2000多年前就有了追求"五福"而避讳"六极"的讲究，早在《尚书·洪范》中便有了对"五福"即一寿、二富、三康宁、四攸好德、五考终命的记载，这也是后来长寿、富贵、健康、好善、名誉这最终"五福"定义的雏形。而人们对多福、多禄、多寿、多喜的美好期盼在我国传统文化表现较为集中的载体如布艺刺绣、剪纸泥塑、社火脸谱、传统建筑等传统民间艺术的方方面面也都有所体现。在陕西关中西部地区传统民居的建筑装饰中处处可以看出院落主人对福、禄、寿、喜企盼的象征表达。例如，在墀头盘头部分大量使用的以"凤穿牡丹""喜鹊登梅""狮子绣球"等为题材所进行的雕刻装饰；在山墙、看墙和墀头下碱部分反复运用的以蝙蝠、喜鹊、麒麟等祥禽瑞兽为元素所进行的雕刻装饰；在墀头上身部分运用的八宝纹和八吉祥所进行的雕刻装饰；在影壁上运用"寿""福"等文字符号所进行的装饰。这些建筑装饰都直观地表达了当时院落主人对多子多福、吉祥如意、福寿无疆的企盼和当时人们以自然环境为依托，自给自足的生活方式与生存观念。

三 富贵平安美好愿望的表达

对于美好生活的向往是人类长期以来最为朴实的愿望，人对生活的信心也是在这种愿望的激励下才更加富有了前进的动力。在我国的传统文化中先民们用凤凰、喜鹊、鹌鹑、牡丹、玉兰等诸多元素象征和寓意着富贵平安，并且在我国各类的传统民间美术中往往也都将它们融入其中，用于负载和寄托人们的美好愿望，特别是在传统民居的建筑装饰上。陕西关中西部地区传统民居的石雕、砖雕、木雕这"三雕"艺术就是这种负载和寄托最具代表性的证明。例如，屋脊上大量运用象征富贵昌盛的牡丹和象征清洁无瑕的莲花图案所进行的砖雕装饰；门枕石上广泛运用的"平安如意"图案所进行的石雕装饰；墀头上运用牡丹、花瓶图案所进行的砖雕装饰；院门和柱础上运用玉兰、石榴花、梅花图案所进行的石雕装饰；山墙上运用鹌鹑、水仙图案和看墙上运用的凤凰、蝙蝠图案所进行的砖雕装饰。这些精美的建筑雕刻装饰正是利用了图案和花纹自身的美好寓意，把对富贵平安这一美好愿望的寄托通过建筑装饰艺术最直接地表现出来。这里的动物和花草赋予了人的美好愿望和情感，这也正是这一地区传统民居"天人合一"传统思想观念的直接体现。

四 勤俭廉洁美好品德的升华

我国漫长的农耕文明和特殊的经济形态造就了这个民族勤俭廉洁的精神品德，而在我国的传统民居中除了其无可替代的实用性，还有着其特殊的精神功能和教育功能。旧版的《凤翔县志》曾记载，凤翔县周家大院的始建者周恕早期深受儒家文化影响，商业成功后积德好善，勤俭节约并聘请先生教导其子孙刻苦读书，其后代也多有从科举道路上成功而步入官场者。明嘉靖二十年的进士周易，在其为官期间爱民如子，爱惜民力，不耗民财。因此在宝鸡市凤翔区周家大院的建筑装饰中，也同样透露着周家人勤俭廉洁的美好品德。例如，在墀头砖雕装饰中"岁寒三友"图案的运用；在大门和西跨院门石雕和砖雕装饰中"勤俭恭恕""行笃敬""清廉一品"等图案符号的运用，这些无不寓意着周家人"勤俭持家、廉洁清正"的生活信条，同时也将勤俭廉洁的美好品德进一步升华。同样勤俭廉洁的美好品德也体现在陕西关中西部地区的其他传统民居中，无论是建筑装饰精美的豪门大宅院，还是建筑装饰简洁的普通合院，乃至建筑装饰最少的窑院，民居建筑装饰中的匾额和楹联所反映的大多数内容以及其中所体现的民俗民风，都是反映勤俭这种美好精神品德的真实写照。

第四节 陕西关中西部传统民居建筑装饰的民俗观念

法国的文学评论家阿道尔夫·丹纳曾说："要了解一件艺术品，一个艺术家，一群艺术家，必须正确地设想他们所属的时代的精神和民俗概况。"[①] 陕西关中西部传统民居建筑装饰艺术中的装饰元素反映了西秦人民的民俗心态和思想意识观念，这种心态意识是人们通过长期的社会实践和在特定的心理基础上逐渐形成的文化认同。它涵盖范围广泛，包括世界观、人生观、生死观、道德观、艺术观、宗教观、信仰观等，这是在特定时代条件下，陕西关中西部地区风土人情、生活趣味与审美观点的积累。在陕西关中西部传统民居的建筑装饰中，我们可以看到动物中的麒麟、龙、凤凰、蛇、喜鹊……植物中的牡丹、莲花、石榴、松竹……人物、器物、图符等这些被普遍运用的装饰题材内容，此外，还有文字以及数字意义方面的装饰，这些装饰题材的运用不仅因为它的形式美，更重要的是它们能够表达出这一地区特定

---

① ［法］丹纳：《艺术哲学》，人民文学出版社 1963 年版，第 10 页。

的民俗心态和民俗观念。①

一 多子生育观

生育观是处于特定社会历史文化环境中的生育主体关于生育的稳定的世界观、人生观、价值观、伦理观和科学知识观念，也是人类对于家庭生育功能的基本认识及所持的态度。在我国漫长的历史长河中，自春秋战国时期开始直至鸦片战争结束的两千多年里，小农经济一直占据着我国经济形态的统治地位，并且由于生产方式的落后，抵抗自然灾害的能力较弱，生产力水平低下，劳动力在生产活动中起着重要作用，使得民众对于劳动力需求较为强烈。同时以孔孟之道为核心的儒家思想从"忠""孝"的观念出发，认为繁衍子孙，传宗接代，以求子嗣不绝，乃是行孝最基本的行为，是"奉先思孝"的首要前提，逐步形成了"多子多孙""重男轻女""数世同堂""不孝有三，无后为大"等为特征的传统生育观念。

陕西关中西部地区是我国周秦文化的重要发祥地，西周作为我国历史中不可或缺的重要时代，这一时期所形成的一系列制度，对以后的历朝历代乃至我们现今都有着重要的影响。其中西周的礼乐文化就是统治我国长达 2400 年的封建社会核心思想儒家思想所产生的重要文化土壤，同时为孔子和早期儒家提供了重要的世界观、政治哲学和伦理德行基础。② 西周初期杰出的政治家、军事家、思想家和礼乐制度的制定者周公（在岐山之阳，今宝鸡市岐山县）作为这一地区的重要代表人物之一，被尊为"儒学先驱"，在他所制定和完善的一系列制度中，把家族和国家融合在一起，把政治和伦理融合在一起，这些制度的形成对中国封建社会产生了重大的影响。正如我国著名的思想史研究专家杨向奎先生在其《宗周社会与礼乐文明》的研究著作中所指出的，"没有周公就不会有传世的礼乐文明；没有周公就没有儒家的

---

① 参见李蒙《陕北民居建筑装饰艺术探究》，硕士学位论文，西安建筑科技大学，2006年，第 24 页。

② 参见白欲晓《周公的宗教信仰与政教实践发微》，《世界宗教研究》2011 年第 8 期。

历史渊源；没有儒家，中国传统的文明就可能是另一种精神状态"①。
此外，《诗经》作为我国古代诗歌的开端和最早的诗歌总集，主要记
载了周初至周晚期约五百年间的社会面貌，反映着当时社会的劳动与
爱情、战争与徭役、压迫与反抗、风俗与婚姻、祭祖与宴会等方方面
面，犹如周代社会的一面镜子，而其中大多都与该地区的风土民情相
关。据《诗经》的记载，当时人们的生育观较为鲜明，许多歌谣都真
实地再现了西周时期的生育制度和生育习俗，歌颂多子多孙的诗篇比
比皆是，无论是君王诸侯，还是民间百姓，亦是如此。

　　《大雅·四齐》中写道："思齐大任，文王之母。思媚周姜，京室
之妇。大姒嗣徽音，则百斯男。"这首诗在歌颂周文王的同时也赞扬
了周家的贤妻良母，特别是文王之妻太姒，继承了好的遗风，多子多
孙，使王室兴旺。《大雅·假乐》一诗，本是记录和描写周王宴会群
臣时群臣歌功颂德的诗篇，但其中："保右命之，自天申之，干千禄
百福，子孙千亿"的诗句也隐含了当时多子多孙的思想。"螽斯羽，
诜诜兮。宜尔子孙，振振兮。螽斯羽，薨薨兮。宜尔子孙，绳绳兮。
螽斯羽，揖揖兮。宜尔子孙，蛰蛰兮"出自《周南·螽斯》，诗中所
描述的正是螽斯（又名蚣蝑、斯螽，北方称为蝈蝈，是一种多子的
虫）聚集一方、子孙众多、虫鸣阵阵的景象，以示对多子者的祝贺。②

　　陕西关中西部地区几千年来深受西周礼乐文化和封建社会儒家文
化的影响，人们对多子多福、子孙繁盛的企盼在该地区特有的民间手
工艺品和传统民居建筑装饰中随处可见，并将这种生育观念以借喻、双
关、象征等（图4－122）手法隐喻其中，特别是在民居的建筑装饰中，
更是不知凡几。无论是窗棂中以象征"阳刚枪头"和"阴柔梅花"来寓
意生生不息的"枪头梅花格"装饰，还是在门枕石、影壁、墀头、绦
环板等（图4－123）构件中被广泛所使用的老鼠（图4－124）、葡萄
（图4－125）、石榴（图4－126）等为题材，来以其极强的繁殖能力

---

① 杨向奎：《宗周社会与礼乐文明》，人民出版社1992年版，第136页。
② 参见周传燕《诗经时代的生育观：多子多孙的祈盼》，《齐齐哈尔师范高等专科学校学
报》2010年第6期。

图4-122　马家大院门枕石雕刻装饰

图片来源：作者摄于凤翔区刘淡村。

图4-123　周家大院门枕石雕刻装饰

图片来源：作者摄于凤翔区通文巷。

图4-124　周家大院柱础雕刻装饰

图片来源：作者摄于凤翔区通文巷。

图 4 – 125　杨家宅院绦环板雕刻装饰

图片来源：作者摄于陇县儒林巷。

图 4 – 126　马家大院绦环板雕刻装饰

图片来源：作者摄于凤翔区刘淡村。

和数量较多的果实外形来寓意子嗣兴旺、多子多福、血脉相延的雕刻装饰无一不是对于此种民俗观念的真实写照。

二　崇尚五福观

中华民族是一个崇尚福和追求福的民族。自古以来，中国人就有祈福、盼福、崇福、尚福的习俗，对福有着高度的心里认同感，同时也深深地影响着每一个中国人的人生观和价值观。就像我国著名福文化学者殷伟所说的："福是中国人的一种生存状态，福文化已融入中国人的血液里，积淀在老百姓的骨髓里。"① 古人曾根据所处时代的风尚，将其主要的内容概括为五个方面，统称为"五福"。

"五福"是我国民俗文化中最为常见的一种意象。它与我国人们的民间信仰紧密相连，不仅源远流长，传承有序，而且特色鲜明，至今不衰。在我国形态各异的民间工艺品和传统建筑装饰中，无论是乡村妇女还是民间匠工，均可凭借手中的针线和斧凿，借助"五福"的意象，将幻想与现实巧妙结合，把对人生的希望与企盼淋漓尽致地展现。

"五福"之说早在先秦时期便有了记载，其内涵在不同的时代也略有不同，流传至今主要可以归结为以下三种代表性观点。一是《尚书·洪范》在论及治国安民九法时首次提出的"一曰寿，二曰富，三曰康宁，四曰攸好德，五曰考终命"② 之说；二是东汉思想家桓谭在其著作《新论》中所提出的"寿、富、贵、安乐、子孙众多"③ 之说；三是民间民俗中逐渐形成的"福、禄、寿、喜、财"民俗五福之说。其中《尚书·洪范》中的五福之说对于"五福"的观点涵盖更为广泛，包容性也更强，而民俗五福之说对于"五福"观点的表达则更为淳朴和直观，具有浓厚的民间性与民俗性。传统民居作为我国重要的民间建筑遗产，是数代黎民百姓长期劳动创造出来的文化成果与智慧结晶，是建筑文化与民俗文化完美结合的典范，其建筑和装饰中所体

① 殷伟：《福：中国传统的福文化》，福建人民出版社2014年版，第2页。
② 王世舜、王翠叶：《尚书译注》，中华书局2012年版，第157页。
③ 吴则虞：《桓谭新论》，社会科学文献出版社2014年版，第116页。

现出的也更多是民俗五福之说的"福、禄、寿、喜、财"。

　　陕西关中西部地区具有底蕴深厚且历史悠久的民俗文化，这些民俗文化促使了该地区丰富多彩的民间美术的产生，它们之间相互影响、相互渗透、相互交融，均以各自不同的形式和语言表达并诉说着民俗五福"福、禄、寿、喜、财"的观念。传统民居中的建筑装饰作为这一地区宝贵的民间建筑遗产和精美的民间美术作品，在砖雕、石雕、木雕的建筑雕刻装饰中常以文字雕刻的匾额（图4-127）或"明暗八仙""天官赐福""凤穿牡丹""松鹿竹鹤"等内容的图案以及"桃子"（图4-128）"葡萄""鹿""蝙蝠"（图4-129）"喜鹊""凤凰"（图4-130）等为元素来对裙板（图4-131）、墀头（图4-132）、院墙（图4-133）、门枕石（图4-134）、影壁、门楼等传统民居建筑构件进行美化和雕刻装饰。在这些寓意鲜明的图案和元素中，"桃子"象征长寿；"葡萄"寓意多子；"蝙蝠"和"猫"则取其谐音，意指"福"和"耄耋老人"。而"明暗八仙""天官赐福""凤穿牡丹""松鹿竹鹤"更是我国传统建筑中最为常见的装饰图案类型。其中"明暗八仙"为我国民间传说中汉钟离、张果老、韩湘子、铁拐李、曹国舅、吕洞宾、蓝采和、何仙姑八位道教仙人和他们所持的葫芦、扇子、笏板、荷花、宝剑、箫管、花篮、渔鼓八件法器，因八仙本是仙人，又定期赴西王母娘娘的蟠桃大会祝寿，所以，在民间常以"明暗八仙"作为祝寿的题材，寓意长寿；"天官赐福"是道教中天、地、水三官中的其中之一，三官中以天官为尊，是道教的紫微帝君，职掌赐福，道经称："天官赐福，地官赦罪，水官解厄"，而民间以天官为福神，与禄、寿并列，"天官赐福"意为天受福禄；"凤穿牡丹"是将我国传说中在百鸟之中雄居首位的瑞鸟凤凰和富贵之花牡丹相互搭配组合，来寓意富贵、幸福、吉祥，同时还象征着生育与生命，隐喻了子孙的生生不息和繁荣昌盛；"松鹿竹鹤"是建筑雕刻装饰中表达内容最为丰富的图案，鹿，被古人视为长寿的仙兽，传说"千年为苍鹿，又五百年为白鹿，又五百年化为玄鹿"，而鹿又为民俗"五福"中"禄"的谐音，象征着富贵和俸禄；松和竹被赋予了高洁的品行，寓意青春永驻、健康长寿；仙鹤是羽族之宗长，有一品鸟之称，是延寿吉祥的动物，与鹤连在一起取六合谐音，被称作"鹿鹤同春"或"六合同春"，"鹿在松林、鹤唳寿石、日月辉映"是陕西关中西部地区传统民居建筑装饰中较为常见的装饰景象，按照当地人的讲法，"松鹿竹鹤"寓意着国泰民安、社会稳定、日月生辉、福寿无疆（图4-135）。这些寓意独特和组合巧妙的装饰图案，通过对传统民居中建筑构件的雕刻装饰，表达着"加官晋爵"（图4-136）"安乐延年"（图4-137）"富贵长久""多子多福""趋吉护生"的五福观念。

图4-127 孙家大院匾额雕刻装饰

图片来源：作者摄于陇县枣林寨村。

三 书香门第观

"书香"本是古人存放书籍时为了防止蛀虫咬食，将香樟或芸草置于书中所产生的清香之气，而"门第"则意指富贵人家的宅第，"书香门第"在古时是对诗礼传家，有文化、有地位的人家的特指，他们是"有涵养、懂礼教、知隐忍"的象征，在封建社会被广泛接受

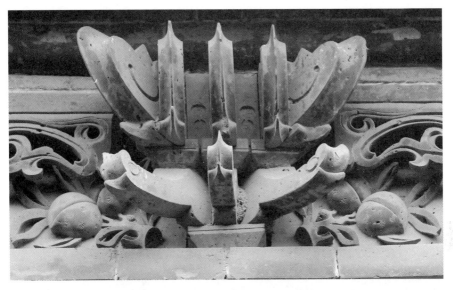

图 4 – 128　温家大院门楼雕刻装饰

图片来源：作者摄于扶风县小西巷。

图 4 – 129　周家大院门楼雕刻装饰

图片来源：作者摄于凤翔区通文巷。

图 4-130 周家大院大门雕刻装饰

图片来源：作者摄于凤翔区通文巷。

和认知。耕读为本、耕读传家是我国封建社会普遍存在的传统。耕可致富，读可荣身，书中自有千钟粟，书中自有黄金屋，书中自有颜如玉，这是我国自古以来的朴素价值观。"耕"为生存之本，是读的基础；"读"是升迁之路，是耕读的最终目的和追求，体现了物质生活和精神追求的统一，通过耕种奠定发家基业，进而督促子孙，勤奋苦读，获取功名，因此耕读是中国农业社会最为普遍的生机模式，昼耕夜读、文武双全也是最理想的人生模式。①

"层层递进的院落，古木茂盛，被遮挡的阳光时隐时现，推开古朴厚重的木门，影壁石后，豁然开朗，穿过院门，书声琅琅，踏着满是岁月痕迹砖石台基，抵达书房，推开房门，书香之气扑面而来，砖木构建的房间古籍满屋，为本已古老的宅院又增加了几分历史的厚重，使人肃然起敬。"这是无数对古人在家中春诵夏弦场景的描述，也是对

① 艾嗣鹏：《耕读传家的大家庭、小社会》，《中国旅游报》2012 年 9 月 24 日第 6 版。

图 4 – 131　姚家宅院裙板雕刻装饰

图片来源：作者摄于陈仓区姚儿沟村。

图 4 – 132　周家大院墀头雕刻装饰

图片来源：作者摄于凤翔区通文巷。

图 4 – 133　温家大院山墙雕刻装饰

图片来源：作者摄于扶风县小西巷。

图 4-134　刘家大院门枕石雕刻装饰

图片来源：作者摄于渭滨区冯家塬村。

图 4 - 135 马家大院门楼雕刻装饰

图片来源：作者摄于凤翔区刘淡村。

图 4 - 136 温家大院门楼砖雕装饰

图片来源：作者摄于扶风县小西巷。

图4-137　周家大院门楼石雕装饰

图片来源：作者摄于凤翔区通文巷。

我国传统"书香门第"的印象。

古代社会，教育条件较为简陋且读书学习门槛较高，但是古人很早就认识到读书的重要性，并且在生活中不断地检验这种重要性。其中三纲（君为臣纲，父为子纲，夫为妻纲）、五伦（父子有亲，君臣有义，夫妇有别，长幼有序，朋友有信）、五常（仁、义、礼、智、信）、八德（孝、悌、忠、信、礼、义、廉、耻）等儒家基本道德原则和规范也是耕读传家与蒙学教育最为重要的组成部分。书香门第与耕读传家之所以被得到重视，除了获取功名更多的是将读书作为陶冶情操、修身立德和培育家风的密码。正如北宋苏轼的《三槐堂铭》所写"忠厚传家久，诗书继世长"，这句诗也被我国大多数家族列为经典家训之一。我国的国学大师陈寅恪、建筑学家梁思成、新型化学奠基人曾昭抡等诸多历史名人，在他们的背后均有着惊人的家族渊源，因此，古人会以民居建筑装饰等多样的形式流露和表达出对于"书香门第"的期盼，并使这种观念世代传承，长久不衰。

"万般皆下品，惟有读书高"。陕西关中西部地区文化积淀深厚，受周秦文化、关学文化与关中地区长期皇家统治以及较为安逸生活的影响，书香门第与耕读传家的民俗观念始终影响着生活在这片沃土的西秦人民。特别是这一地区的商人。他们大都饱读诗书，有较高的文化修养，既有商人的精明，又有封建文人的雅致，为了更加方便生意的往来，大多要求子孙奋发图强并通过科举进入仕途，加官晋爵，从而在生意场上更加如鱼得水，大量财富滚滚而来，经济实力也越发雄厚。这些在生意中赚得盆满钵满的财主富商，便在家乡大兴土木，修建宅院，以显示富有、光耀门楣。同时将书香门第的观念或含蓄（图 4-138），或直白（图 4-139）地体现在传统民居的建筑装饰中。旧时被称为"四艺"的琴棋书画，在这一地区豪门大宅院民居的建筑雕刻装饰中将它们的代表器物古琴、棋盘、古书和画轴这些文人雅士的把持之物，以"四艺图"的形式精美地雕刻装饰于门楼（图 4-140）、墀头（图 4-141）及门窗的绦环板（图 4-142）等建筑构件之上，以其来表现文人雅士高雅的生活情操，同时寄寓院落主人高尚的生活作风，并激励子孙博览群书、正心育德、获取功名、诗礼传

图 4 – 138　姚家宅院绦环板雕刻装饰

图片来源：作者摄于陈仓区姚儿沟村。

图 4 – 139　马家大院院墙雕刻装饰

图片来源：作者摄于凤翔区刘淡村。

图 4 – 140　温家大院门楼雕刻装饰

图片来源：作者摄于扶风县小西巷。

图 4 – 141　周家大院墀头雕刻装饰

图片来源：作者摄于凤翔区通文巷。

图4－142　杨家宅院绦环板雕刻装饰

图片来源：作者摄于陇县儒林巷。

家。因为在封建社会，"士"作为通过科举走上仕途道路的特殊阶层，
对民众的影响极其深远，他们的所作所为也就成为社会的风尚，常以
"四艺"来喻示他们的生活。而在普通宅院的民居中，由于院落主人的
经济能力有限，在建筑构件的装饰上也较为简单，因此以"四艺图"进
行的装饰比较少见，但是仍然会以匾额（图4－143）或楹联的形式将体
现"耕读传家"（图4－144）的观念直白的体现。除此之外，以"喜报
三元""渔樵耕读""金猴立顶"等题材的雕刻也常常用于墀头、门枕
石（图4－145）、拴马桩（图4－146）等构件的砖石雕刻装饰中，
来表达家中长辈对于儿孙成才、功名高中、光宗耀祖的殷切企盼和
加官晋爵、代代封侯的美好愿望，以实现对于"书香门第"的世代
传承。

图4-143　孙家大院匾额雕刻装饰

图片来源：作者摄于陇县枣林寨村。

图4-144　屈家宅院匾额雕刻装饰

图片来源：作者摄于千阳县屈家湾村。

图 4 – 145　周家大院门枕石雕刻装饰

图片来源：作者摄于凤翔区通文巷。

图 4 – 146　周家大院拴马桩雕刻装饰

图片来源：作者摄于凤翔区通文巷。

四　数字寓意观

中国作为世界的四大文明古国之一，历史悠久，传统文化博大精深。数字在我国古代的产生和运用也并非偶然的创造，而是在历经了千百年进化和演变的产物。它在出现伊始就扮演着重要的角色，在帮助先民计数、计量和计算的同时还传播着我国古代的哲学思想。

陕西关中西部地区传统民居的营建与装饰（图 4 – 147），不论是窑洞民居还是合院民居在较多的数字上都具有高度的统一性，这绝非是一种巧合。例如，在窑洞民居的修建上，大都建单而不建双，即一排宜三孔、五孔，修筑二、四、六孔极为少见；合院民居中所有建筑的开间数量一般为三个或五个，开间为二和四的从未出现；院落中用于连接地势落差的台阶与踏步的数量也多为单数；建筑的装饰上更多的也是见奇数而不见偶数。这其中除了受制于建筑模数与建筑形制传统观念的影响以外，背后更多的是一种将数字赋予特殊寓意的民俗观念的体现。

图 4 – 147 马家大院绦环板石榴雕刻装饰

图片来源：作者摄于凤翔区刘淡村。

陕西关中西部地区的民俗观念中，单数为增，而双数为圆，单数寓意上进，离大满贯也仅有一步之遥；双数则代表圆满、团圆。虽然双数也含有吉祥的寓意，但远没有单数的寄予更加能够激人上进。[1]此外，"三"和"五"是这一地区传统民居建筑和装饰中最为常见的数字，而这两个数字的背后更是蕴藏有深厚的传统哲学思想。早在我国东汉时期，著名的文字学家许慎编写的首部汉语字典《说文解字》中对于"三"曾有这样的记载，"天地人之道也。从三数。凡三之属皆从三。"从他的解释中能够得出"三"字中三横所表达的含义，第一横代表天，第三横代表地，中间一横则代表人，由此一来数字"三"体现了"三才"，代表天地人，这也与道家"天、地、人之道也"的思想相吻合，是天人合一思想的象征与体现。[2] 阴阳作为古代

---

① 参见李蒙《陕北民居建筑装饰艺术探究》，硕士学位论文，西安建筑科技大学，2006年，第42页。

② 参见贾倩《中国古代数字中所蕴含的哲学思想》，《新疆教育学院学报》2016年第2期。

对立而又统一的学说，以金、木、水、火、土的五种性质为最原始的系统论。我国古代的哲学家常用五行理论来说明世界万物的形成及相互关系，而五行中以数字"五"为核心概念，"五"也是中国人的思想规律，是对整个宇宙的信仰。《说文解字》中将数字"五"解释为："五，五行也，从二，阴阳在天地间交午也。"① 五作为最中间的数字，是世间万物最为旺盛之时，代表了一种极致。民间更是以"五更""五时""五味""五谷"等作为时间与季节的考量和饮食口味与主要农作物的描述，以及"五福临门""五谷丰登""学富五车"等以数字"五"为极致的词语作为一种美好地祝愿与慰藉。

陕西关中西部地区的传统民居是这里的先民们改造大自然和利用大自然的智慧结晶，也是天人合一、因地制宜的最好体现。奇数多余偶数的使用和数字"三""五"的频频出现，也正是以传统民居的建筑形制和建筑装饰（图4-148）表达对数字特殊寓意最好的佐证。

图4-148 周家大院柱础桃子雕刻装饰

图片来源：作者摄于凤翔区通文巷。

---

① 贾倩：《中国古代数字中所蕴含的哲学思想》，《新疆教育学院学报》2016年第6期。

五　神兽崇拜观

中国的古代神话传说中，有神兽 10 余种，分为神兽、圣兽、灵兽、瑞兽等多种类型，它们是先民们为了某些精神的寄托，经过长期的寓意创作出来的。其中麒麟、凤凰、龟、龙是被学术界和民间所普遍接受和认可的四种神兽，大量的出土文物中含有龙纹凤形、龟符麟图的图形装饰数不胜数，而且在我国重要的典章制度书籍《礼记·礼运》一篇中就曾记载："何谓四灵？麟凤龟龙谓之四灵。"① 它们自人们崇拜的开始就一直被当作祥瑞的象征，既包括政治清明、军事顺利、风调雨顺的国家大事，也包括保全性命、不误农事、衣食无忧的个人寄托。因此，神兽不但受到统治者的重视，更为黎民百姓所崇拜。②

早在记录我国历史最长的王朝即周朝时期社会面貌的百科全书《诗经》中，就有二十八篇记载了关于"麟""凤""龟""龙"的诗歌。例如，《周南·麟之趾》中记载麒麟的"麟之趾、振振公子。于嗟麟兮。麟之定、振振公姓。于嗟麟兮。麟之角、振振公族。于嗟麟兮。"③《国语·周语》中记载凤的："周之兴也，鸑鷟（古代中国民间传说中的五凤之一）鸣于岐山。"④ 《商颂·玄鸟》中记载龙的："龙旗十乘，大糦是承。"⑤《周易·系辞上》中记载龟的："探颐索隐，钩深致远，以定天下之吉凶，成天下之亹亹者，莫大乎蓍龟。是故天生神物，圣人则之。"⑥ 等。它们作为图腾是身份、政治和祥瑞的象征同时也隐喻着生殖、生命和长寿。

"麟""凤""龟""龙"作为千百年来中华民族推崇的神兽。首先是在它们的身上具备了古人的审美情趣，麒麟的绚烂庄严是古人所追求的端庄与稳重，凤的顾盼生资是古人所追求的婉约与华贵，龟的

---

① （清）阮元：《十三经注疏·周礼注疏》，中华书局 1980 年版，第 789 页。
② （宋）朱熹：《诗集传》，中华书局 1958 年版，第 7 页。
③ （宋）朱熹：《诗集传》，中华书局 1958 年版，第 7 页。
④ 徐元诰：《国语集解》，中华书局 2002 年点校本，第 29 页。
⑤ 顾一凡：《论〈诗经〉中的"四灵崇拜"现象》，《华北电力大学学报》（社会科学版）2017 年第 2 期。
⑥ （清）阮元：《十三经注疏·周易正义》，中华书局 1980 年版，第 107 页。

敦厚和顺是古人追求的平和与中庸，龙的威严雄壮是古人所追求的硕大与崇高。[①] 其次是作为我国古代哲学体系重要一环的天人观念，这些神兽往往与特定身份的人相互联系，例如，圣人与麒麟同出，君王被称为"真龙天子"，科举中高中的状元又称"独占鳌头"，这些被古人虚构的神兽被视作天降的祥瑞，是上天的旨意。[②] 当神兽被人化时便以君权神授、命中注定被视为天人合一。然而作为最能体现一个民族文化传统的民俗，神兽的推崇与民间的习俗有着更为紧密的联系。麒麟送子、龙凤呈祥、龟鹤延年等图案被广泛应用于民间的服饰、刺绣、年画等处。它们都是先民们对美好生活祝愿的表达，而后人又对其内涵加以丰富并规定固化，成为定式的民间习俗并一直延续至今。

陕西关中西部地区的传统民居是这一地区众多民俗文化和民间美术的综合载体，在这些传统民居的建筑装饰中，对于神兽的崇拜同样存在，以"麒麟"（图4－149）"龙"（图4－150）"凤"（图4－151）"龟"（图4－152）为题材的装饰形象被广泛应用，且使用手法也较为多样。麒麟作为中国的"四灵"之首和百兽之先，有着鹿像、马背、牛尾、狼蹄，身披鳞甲的形象。民间认为麒麟为吉祥神宠，掌送子之职，积德人家求拜麒麟可生育得子，[③] 因此"麒麟送子""麒麟望月"等以麒麟形象为主题的雕刻图案大量应用于门枕石、影壁和柱础等（图4－153）部位的装饰，来表达院落主人对多子多福和祥瑞太平的企盼。凤凰是中华民族鸟类的图腾之一，雄为凤，雌为凰，雌雄同飞，相合而鸣，是百鸟之王，民间常作为富贵和生命的象征。在这一地区传统民居的建筑装饰中"凤戏牡丹"与"凤鸣朝阳"的图案多以砖雕的手法装饰于山墙、影壁、墀头等（图4－154）建筑构件，以示对富贵平安美好生活的向往。龙是我国特有的图腾神物，从古至今一直被

---

① 参见顾一凡《论〈诗经〉中的"四灵崇拜"现象》，《华北电力大学学报》（社会科学版）2017年第2期。

② 参见顾一凡《论〈诗经〉中的"四灵崇拜"现象》，《华北电力大学学报》（社会科学版）2017年第2期。

③ 参见李蒙《陕北民居建筑装饰艺术探究》，硕士学位论文，西安建筑科技大学，2006年，第39页。

图 4 - 149　温家大院门枕石雕刻装饰

图片来源：作者摄于扶风县小西巷。

图 4 - 150　周家大院影壁雕刻装饰

图片来源：作者摄于凤翔区通文巷。

图 4 - 151　杨家大院绦环板雕刻装饰

图片来源：作者摄于陇县儒林巷。

图 4 - 152　温家大院看墙装饰

图片来源：作者摄于扶风县小西巷。

图 4 – 153 周家大院门柱础雕刻装饰

图片来源：作者摄于凤翔区通文巷。

图 4 – 154 刘家大院墀头雕刻装饰

图片来源：作者摄于渭滨区冯家塬村。

赋予着神秘的色彩。先民们将自己所最珍爱的动物的优点集于一体虚构出了虾眼、鹿角、牛嘴、狗鼻、鲇须、狮鬃、蛇尾、鱼鳞、鹰爪的龙的形象，体现着人们对大自然的崇拜与美好愿望的寄托。由于龙的形象在等级森严的封建社会主要为天子所用。因此，该地区传统民居的建筑装饰中龙的形象主要以头部似龙而身如蔓草样的"草龙""拐子龙"或以类似卷草纹的图案装饰于绦环板（图4－155）、山墙（图4－156）、影壁、额枋等部位，来表达院落主人吉祥如意的美好意愿和精神寄托。龟在古代被认为是占卜吉凶福祸的神兽和长寿的象征。在民间传说中有灵龟、宝龟、文龟、水龟、山龟等10余种，根据龟所演变的纹样也有龟甲（龟背）纹、罗地龟纹、六处龟纹等多种样式。陕西关中西部地区传统民居的建筑装饰中，主要以龟甲的纹饰装饰于槛墙（图4－157）、影壁及部分院墙（陕西关中西部地区亦称看墙）的砖雕装饰中，它们以简洁的图形与院落中其他的雕刻装饰形成对比，增强了院落的节奏感和次序感，同时庇护着院落主人健康长寿。在陕西关中西部地区传统民居的建筑装饰中，将"麟""凤""龙""龟"四大神兽的不同特点，以象征、譬喻等方式与"三雕"装饰巧妙结合为一体。除此之外，狮子、大象、仙鹤、鹌鹑等动物形象也是这一地区传统民居建筑装饰中被大量运用的动物题材，特别是对于狮子这一猛兽的运用，大都以憨态可掬的形象（图4－158）或立于门枕石（图4－159）和柱础（图4－160）之上，或滚动着绣球装饰于墀头（图4－161）与院墙（图4－162）之间，来暗示着家族的昌盛与子孙的繁衍，也借助吉祥的寓意表达着对于美好生活的向往。这些借助神兽形象对这一地区传统民居所进行的建筑装饰包含了西秦人民几千年来的文化心理和民间信仰，无论是图腾意识、生殖崇拜，还是追求长寿、象征祥瑞，都是通过传统民居的建筑装饰为载体，来表达对于神兽崇拜的民俗观念。

图 4 – 155　温家大院绦环板雕刻装饰

图片来源：作者摄于扶风县小西巷。

图 4 – 156　温家大院山墙雕刻装饰

图片来源：作者摄于扶风县小西巷。

图 4 – 157　温家大院槛墙装饰

图片来源：作者摄于扶风县小西巷。

图 4 – 158　周家大院门枕石雕刻装饰

图片来源：作者摄于凤翔区通文巷。

图 4 - 159 马家大院大门门枕石雕刻装饰

图片来源：作者摄于凤翔区刘淡村。

图 4 - 160 周家大院柱础雕刻装饰

图片来源：作者摄于凤翔区通文巷。

图 4 – 161 周家大院墀头雕刻装饰

图片来源：作者摄于凤翔区通文巷。

图 4 – 162　周家大院门院墙雕刻装饰

图片来源：作者摄于凤翔区通文巷。

第五节　陕西关中西部传统民居建筑装饰的特点

　　建筑装饰是我国传统建筑中的重要组成部分，其独特的装饰手法造就了它们极富特征的建筑外观，更为建筑赋予了特别的思想内涵。陕西关中西部地区的传统民居大多都有着精美的建筑装饰，它们依附于传统民居的建筑构件之上，两者紧密结合在一起，在美化民居建筑与柔化院落空间的同时，体现着主人的处世哲学与这里的民俗观念。陕西关中西部地区的传统民居无论是天人合一的窑院还是特色鲜明的合院，在它们的建筑装饰中均能够看出对于节点的强调、构件的掩饰、丰富的寓意等装饰的特点。

一　节点的强调

　　我们通常将建筑中两个以及两个以上构件相交的部位称为节点，

在我国传统建筑中，它们主要分布于建筑构件的连接部位、转折部位和结束部位，这些部位也正是传统建筑中建筑装饰的主要部位。[1] 陕西关中西部地区的传统民居作为我国传统建筑的一部分也同样不曾例外。人类对于器物连接部位进行装饰的做法亘古有之。早在石器时代，我们的祖先在制作手镯、项链、脚环等装饰物时便会对连接的部位进行精细地处理，可见从千万年之前，人类在造物之时就已经开始强调器物的节点，并且此种做法一直延续至今。

陕西关中西部地区传统民居的建筑装饰基本都集中于屋脊、墀头、额枋、柱础、门枕石等部位，它们是民居建筑屋顶、梁架、墙面等建筑形体的重要转折和连接部位，对于这些节点部位的精美装饰在强调外观造型的同时也加强了它们的实际功能。例如，屋脊是这一地区传统民居坡面屋顶的交会之处，也是传统民居建筑顶部装饰最为集中的区域。这些雕工考究、寓意突出的装饰，不仅能够防止雨水向下的渗漏，保护民居建筑的梁架，而且一条条极富韵律的线条，还能够突出民居建筑屋顶的轮廓，增强传统民居院落的次序感与节奏感。

二 构件的掩饰

我国传统建筑独有的建造方式与营建技艺，决定了其以木构架为主要核心的建筑结构和大量建筑构件裸露于建筑外部的建筑形态。陕西关中西部地区的传统民居除窑洞民居以外均以抬梁式木构架的建筑结构建造，民居建筑的主体由石、木等材料组合而成，建筑构件基本都裸露在外。其中有许多构件在建筑整体的视觉中较为醒目，为了弱化这些构件在建筑中呆板、单调与突兀，智慧聪颖的工匠们通常将富有美好寓意的图案以精湛的技艺或彩绘，或雕刻来装饰其中，也正是因为这些精美的建筑装饰，才使人们忽略了建筑构件的存在，并使民居建筑更为精致，所表达的内涵也更为丰富。在这一地区的传统民居中有大量的建筑装饰本身就是建筑的构件，只是由于更多地关注了其

---

[1] 参见方静《传统民居装饰在现代环境艺术设计中的应用研究》，硕士学位论文，昆明理工大学，2006年，第7页。

形式而逐渐演变为传统民居的建筑装饰。虽然民居建筑在长期的发展中，这些构件在造型上有所改进，但是其建筑构件的基本功能从未发生变化。在陕西关中西部地区传统民居的建筑装饰中对于墀头、额枋、雀替等部位的精美装饰，正是由于它们所处的节点位置而备受关注，从而对于这些部位常以雕刻与彩绘来进行装饰，久而久之逐渐演变成为传统民居中的建筑装饰品，但是它们本身所具有的连接与固定其他建筑构件的基本功能常在。

三 丰富的寓意

我国的传统建筑中有一个显著的特征，就是将自己美好的愿望和理想在自己居住环境中别具匠心的表达，这也使得我国的传统建筑具有了浓郁的理想主义色彩，特别是在我国的传统民居建筑装饰之中。陕西关中西部地区的传统民居就有效继承了我国传统建筑的这一显著特征。无论是凤翔周家大院、扶风温家大院、千阳刘家大院等这样的豪门大宅院；或是千阳黄家大院、陇县孙家大院等这样的普通宅院；还是六川河、尚家堡等村落的窑院，均寓意于传统民居中或简或繁，或精或拙的建筑装饰之中来体现着天人合一，追求着人伦礼制，向往着富贵平安。

《吕氏春秋·审时》曰："夫稼，为之者人也，生之者地也，养之者天也。"此句话讲的天地人三者的关系，最终就是人与自然的和谐关系，也就是中国传统意义上的天人合一。这一地区传统民居中屋脊的望兽、门口的石狮、影壁的麒麟以及各种装饰中代表吉祥的瑞兽和花草，无不体现出院落主人对宇宙自然的敬畏思想与中国传统文化中万物有灵论观念的认同，同时也在无形中表达了院落主人所追求的天人合一的精神思想。《宋书·礼志》中说："夫有国有家者，礼仪之用尚矣。然而历代损益，每有不同，非务相改，随时之宜故也。"这种观念在漫长的历史发展中逐渐渗透在人们日常生活的各个层面，也自然会从人们的礼仪、服饰、建筑方面等体现出来。这一地区传统民居建筑装饰中被广泛使用的"二十四孝图"以及那些表现渔樵、农耕、采摘、节庆等现实生活的场景，无不体现着中国传统文化的礼制和儒家思想，也正是以这些根深蒂固的思想影响着人们的信仰，规范着人们的行为。还有在建筑装饰中被大量运用的牡丹、松柏、葡萄等植物图案和龙、凤、麒麟、仙鹤等动物图案。在这里它们都被赋予了人格化的精神和情感，无论是门枕石上栩栩如生的石狮和鼓座上立于水草之间的仙鹤，还是柱础上欲开未开的莲花和影壁上回头望月的麒麟，都是院落主人通过借以这些图案的丰富寓意，将富贵长寿、吉祥平安、子孙绵延、忠孝节义等美好愿望和理想进行的不遗余力地表达。

四 建筑与艺术的结合

建筑是实用技术与工程美学的集合，由于建筑材料与建造结构的不同，各个国家与地区的建筑也都大相径庭，各具特色。我国传统建筑的建造所采用的材料与构造使其具有了屋顶有序排列的瓦片，雕刻技艺精湛的装饰，结构巧夺天工的斗拱，更可称为建筑与艺术的完美融合。传统民居作为我国传统建筑中的一枝独秀，在它的身上没有了雄伟壮观的台基与错综复杂的斗拱，摒弃了皇家建筑的那份庄重与威严，而增添更多的是建筑的"和蔼可亲"与"平易近人"，从中所体现的也多是简约节制与朴实无华。因地制宜的建筑材料，秩序井然的民居院落，特别是雕刻精美且寓意吉祥的建筑装饰，同样显示出它们是建筑与艺术的完美结合。

雕刻作为建筑的装饰有着很长的历史渊源，是美化建筑环境的重要手段之一。陕西关中西部地区传统民居的建筑装饰主要以砖雕、石雕、木雕"三雕"的艺术形式呈现于建筑本身并于传统民居建筑有机融为一体。这些雕刻装饰本身就具有较高的工艺美术价值，而它们与民居建筑的结合既改变了建筑的呆板与单调，柔化了院落的空间，也赋予了建筑一定的表征意义，表达了丰富的思想内涵，营造了较强的艺术氛围，体现了主人的审美追求，成为传统民居建筑不可或缺的重要组成部分，展示了建筑与艺术的珠联璧合。

第五章　陕西关中西部传统民居的衰退原因与再造价值

第一节　陕西关中西部传统民居的现状

　　我国传统社会长期处于相对稳定和持续的发展状态，在加之传统建筑的营建技艺长期有效传承而且在数千年的演进中所受外来干扰较小，在传统民居的建造中也充分运用了土、木、砖、瓦、石等能够就地取材、因地制宜的建筑材料，同时也积累了较为成熟的生态节能经验。因此，传统民居的营建与居住方式一直延续至 20 世纪 90 年代初期。而在当今社会，伴随着经济和科技的飞速发展，各个方面均成绩显著，取得了跨越式的成果，文化和技术也随之发生了根本性的变化，传统民居及营造的设计理念也逐渐失去了其成长的土壤。虽然我国各个方面的专家从多个角度强调和肯定了传统民居与居住聚落的历史价值、生态优势和现代意义，但传统民居与村落仍在急剧减少，特别是近二十年来，从城市到农村，大量百年以上的传统民居在成片成片的消失，其生存状态处于劣势，亟待拯救。[①]

　　自 2006 年以来，通过系统地走访与调查在陕西关中西部地区，还遗存有一定数量院落结构完整、地域特色鲜明的传统民居，主要集中在宝鸡市的渭滨区、金台区、陈仓区、凤翔区、扶风县、千阳县、陇县这四区三县，以清晚期和民国时期为主。在院落形式上既有像扶风温家大院（图 5 - 1）、凤翔周家大院（图 5 - 2）、（图 5 - 3）、马家大

院（图 5-4）、（图 5-5）、（图 5-6）这样气势恢宏、富丽堂皇的豪门大宅院；也有像千阳黄家大院（图 5-7）、陇县宋家大院、孙家大院（图 5-8）这样经济实用、坚实稳固的普通宅院；还有像千阳县尚家堡村（图 5-9）、陈仓区翟家坡村这样随山就势、结构精巧的窑洞院落。但是，这些传统民居中的很大一部分都呈现出两种局面。其中一种被冠以文物和旅游资源的名义得到保护或以主题博物馆式的收藏并展出，而民居最基本的居住功能已经成为它的客串演出（图 5-10）、（图 5-11）、（图 5-12）；① 另一种则由于居住环境质量较差，居住者渴望改变现状或被定义为高危建筑而进行大片的拆除或者废弃（图 5-13）、（图 5-14）、（图 5-15），甚至有的传统民居在被媒体从其自身所在价值和保护的意义角度报道后迅速消失。在调查中像益门堡刘家老宅、马家老宅、西秦村张家老宅等当月存在次月消失的建成历史在百年以上的传统民居也屡见不鲜。近二十年里，陕西关中西部地区的传统民居经历着巨变，在繁华的城市中很难再以居住的功能得到保留，只有在远离城市或者经济欠发达的一些地区，主要集中在陇县和千阳两县，还遗存着具有一定价值的传统民居，且仍然发挥着它的功能和作用。但是，随着城市的改造以及新农村建设的大力推进，新建民居在外形上有着现代建筑的"简洁"与"统一"，传统的建筑材料也被实心黏土砖、混凝土砌块等新型材料完全取代，传统的土木、砖木材料和建筑形制已不再为民居建筑所使用。门窗的材料和样式也逐渐变成了塑钢和铝合金，户门多为金属防盗门，千户一面、千村一面的屡见不鲜。抬梁式木构架，甚至三角钢木屋架不再普遍使用，预制空心楼板与钢筋混凝土结构是目前农村使用的主要建造材料，② 地域特色鲜明的传统民居样式和形制发生了根本性地改变，也改变了建筑空间本身，而随着这些传统民居表面发生变化的背后更加令人茫然若失的是地域文化、本原文化的缺失和消亡（图 5-16）。

---

① 虞志淳：《陕西关中农村新民居模式研究》，博士学位论文，西安建筑科技大学，2009年，第 2 页。

② 虞志淳、刘加平：《关中民居解析》，《西北大学学报》（自然科学版）2009 年第 10 期。

图 5 - 1 温家大院院落全貌

图片来源：作者摄于扶风县小西巷。

图 5 - 2 周家大院院落全貌

图片来源：作者摄于凤翔区通文巷。

图 5 - 3　周家大院一进院

图片来源：作者摄于凤翔区通文巷。

图 5 - 4　马家大院院落全貌

图片来源：作者摄于凤翔区刘淡村。

图5-5 马家大院门房

图片来源：作者摄于凤翔区刘淡村。

图5-6 马家大院门楼装饰

图片来源：作者摄于凤翔区刘淡村。

图5-7 黄家大院正房

图片来源：作者摄于千阳县药王洞巷。

图5-8 孙家大院院落全貌

图片来源：作者摄于陇县枣林寨村。

图 5 - 9　千阳尚家宅院全貌

图片来源：作者摄于千阳县尚家堡村。

图 5 - 10　凤翔周氏民居民俗博物馆院落内部

图片来源：作者摄于凤翔区通文巷。

图 5 – 11　凤翔周氏民居民俗博物馆场景展示

图片来源：作者摄于凤翔区通文巷。

图 5 – 12　凤翔周氏民居民俗博物馆农具展示

图片来源：作者摄于凤翔区通文巷。

图 5 - 13　陈仓区姚家宅院

图片来源：作者摄于陈仓区姚儿沟村。

图 5 - 14　麟游县万家城村传统民居院落

图片来源：作者摄于麟游县万家城村。

图 5 – 15　麟游县万家城村传统民居聚落

图片来源：作者摄于麟游县万家城村。

图 5 – 16　陇县东凤镇新建民居

图片来源：作者摄于陇县田家沟村。

近几年来，陕西关中西部地区乃至全国的传统民居在建筑形式和建筑空间上简单盲目地堆砌，且建筑质量参差不齐，以及传统民居背后地域文化、本原文化的逐步消失，违背了现代科学的发展与传统的自然观念，不仅传统民居的现状问题重重，就连新建民居的发展也是乱象环生。

第二节　陕西关中西部传统民居的衰退原因

在经济和科技飞速发展的今天，广大人民群众对生活质量的需求在不断提高，渴望能有更好的居住环境来改善现有居住条件，陕西关中西部地区传统民居的衰退，从表面上看好似来自自身的缺陷，但这种观点并不全面。究其原因，是包含了自然、文化、社会、经济等各种因素相互作用共同影响所致的。

一　自然环境的恶化

陕西关中西部地区地势复杂，地貌特征多样，这里的传统民居大多散落在相对偏僻，经济与交通欠发达的乡村，易受自然环境因素的影响。近二十年来，随着工业和经济的飞速发展，陕西关中西部地区水土流失较为严重，部分地区土地资源匮乏且污染严重，森林覆盖率骤减，森林的水涵养能力变小，造成对整个区域的水源补给不足。同时，水资源分配不均衡，旱涝不均，在地域上多分布在西部和南部，北部较少，在水资源时间的分布上，也大部分集中在汛期，易造成自然灾害，且用水保障的优先性大大低于城市和工业，因此在水资源总量紧张的情况下，农村的缺水问题尤其突出。由于农村人畜用水普遍缺乏必要的高质量监管，且供水设施和用水器具简陋，农村饮水面临着日益严重的水污染和多种水型的多重弊病。在饮用水量和水质两方面的压力导致了农村总体用水的安全性较差，这也成为当地居民最为关心和最为迫切需要解决的问题。[①] 此外，这些地区环境基础设施建

---

① 参见张敬花、雍际春《天水农村生态环境安全的现状与对策研究》，《社科纵横》2011年第9期。

设较为落后，生产生活产生的各类污染源直接排放，生活垃圾也一直处于无人管理的状态。居民生活所产生的污水和垃圾随意倾倒，流向田头沟渠，特别是随着大量现代化产品的流入，有毒有害的废弃物破坏了农村生态环境，乃至生态平衡，小到食品的塑料包装，大到废旧的家用电器。由于未进行分类处理，相当一部分垃圾随意掩埋，甚至焚烧，造成了严重的环境污染，给居民的生活埋下了诸多安全隐患。①这些外在的环境因素逐渐增加，致使原有居民慢慢开始抛弃传统民居，搬离农村，寻找新的生活环境。

二　社会环境的变革

随着改革开放对生产力的解放，城市与农村的经济状况逐步改善，尤其是农村的变化更加迅猛。特别是近二十年来，国家加大了对"三农"问题的关注，农业整体上呈现出了复苏的态势，农村的面貌也由于各种因素的辐射，有了较大的改观。自 20 世纪 90 年代以来，随着社会经济的转型，给传统民居也带来了较大的影响，也就在这短短二十年里我国的传统民居已经历了数次的新建热潮。陕西关中西部地区大量有价值的传统民居也大多是在这个时期的建设下被损毁和废弃。自 2000 年开始，陕西关中西部地区的城市建设和我国大部分城市一样在大踏步得前进，房地产的开发和城市广场的建设进行得热火朝天，城市面貌可谓日新月异。也就是从此时开始，像宝鸡市金台区北城巷、渭滨区益门堡、陇县儒林巷等位于城市和城市周边的传统民居开始成片成片地消失。2005 年党的十六届五中全会之后，提出了要按照"生产发展、生活宽裕、乡风文明、村容整洁、管理民主"的要求，扎实推进社会主义的新农村建设。但是，在新农村建设的实施过程中，有些地方难免存在着急功近利的思想，急于搞新农村建设，以牺牲传统民居聚落为代价，随意推倒重建或盲目的"大拆大建"，有的一味追求高起点、高标准，贪大求洋，置乡村特色、地方特色与地域文化不

---

① 参见张敬花、雍际春《天水农村生态环境安全的现状与对策研究》，《社科纵横》2011年第 9 期。

顾，致使"千村一面"的工程随处可见，① 使得陕西关中西部地区位于乡村中的许多传统民居和优秀的文化遗存像宝鸡市陈仓区西秦村张家老宅、光芒村惠家老宅、渭滨区翟家庄翟家老宅等一样遭到了毁灭性的破坏，使原本脆弱的乡村人地生态系统受到严重毁坏，使得千百年来适应自然环境而形成的乡土遗产与画意的乡土村落成为历史。陶渊明笔下所描绘的"暧暧远人村，依依墟里烟"这种意境下的乡村聚落也基本上不复存在。

社会经济和科技的发展，促使了农业生产现代化水平的飞速提升，同时也引发了农村生活方式的改变。居住与农业相关生产分区设置，形成了较为独立的居住区，在新建住宅的过程中，又由于村庄规划严重滞后等原因，住宅用地往往不能合理有效利用，新建住宅大部分也都集中在村庄外围，村庄内部的大量传统民居逐步被废弃，形成了像宝鸡市陈仓区翟家坡老村落这样内空外延的状况。并且伴随着我国城市化和工业化进程的不断加快，大量的农村青壮年都涌入城市务工，除了重大节庆的十几天时间，其他时间均工作生活于城市，导致农村人口老龄化、家庭人口规模小型化，村庄人口结构严重失衡，经济与文化加速衰退，最终产生"空心村"现象。② 除此之外，传统民居产权不明晰也是伴随着社会变革所产的严重问题。传统民居是祖祖辈辈世代相传的家产，每一代居住者对自己的家园都具有深深的情愫，但是伴随着居住者人口增加，急需建房改善居住环境的压力，以及改革开放以后房屋产权的分散化，传统民居加建改建现象严重，院落整体面貌凌乱不堪，像千阳县刘家老宅、黄家老宅、陇县宋家老宅这样普通院落居住五六户家庭的传统民居院落仍然存在。这些居住者经济状况普遍不佳，多数都无力自行维修，资金来源严重依赖政府，但是基础设施和安防设施都急需维护修缮，往往保护工作不能及时到位，由小的隐患最终导致这些传统民居的毁灭和消失。

---

① 参见孟祥武《关天地区传统生土民居建筑的生态化演进研究》，同济大学出版社 2014 年版，第 56 页。

② 参见王竹、范理扬、陈宗炎《新乡村生态人居模式研究：以中国江南地区乡村为例》，《建筑学报》2011 年第 4 期。

三　保护意识的缺乏

我国大多数的传统民居都具有"散落乡间无人识"的特点，很大一部分都处于自生自灭的状态，陕西关中西部地区的传统民居也不例外。许多看似不起眼，却具有重要研究价值的传统民居往往都是任其在风雨中飘摇，有的杂草丛生，木结构受到虫蚁侵蚀，发霉腐烂；有的整体倾斜，构架损毁，逐渐腐朽、坍塌，或者在自然灾害中消亡，甚至还有将传统民居中精美的建筑装饰故意损毁、偷盗、文物走私等犯罪违法活动。传统民居中许多精美的雕刻构件、门窗及其他文物被盗事件时有发生。其中大量有价值的文物和雕刻艺术品被一些文物商贩连哄带骗买走他用，在调查与走访中类似于凤翔区虢王镇刘淡村马家大院深夜抢劫传统民居木雕和石雕的案件也偶有发生。一些破败的传统民居也常以收购"旧木料"的名义被拆除倒卖，或者被企业、景区整体收购，迁建他处，离开了传统民居固有的生存环境和生长土壤，失去了传统民居自身的"气息"和"灵魂"。对传统民居种种有意识或者无意识的破坏行动，都表现出了对这份珍贵遗产保护意识的匮乏。然而，在对传统民居留存较多的农村所进行的农村建设首要解决的问题来看，在 1000 份调查问卷里的 6 个选项中，回答生产资金投入的占27%；科技水平提高的占 17%；政治民主和反腐占 16%；人才的培养占 15%；其他诸如传统文化保护问题、环境问题、治安问题等则排在最后。① 从中不难看出在目前传统民居还较为集中的农村更是普遍存在保护意识淡薄的现象，使得本就险象环生的传统民居，更加雪上加霜。

四　传统文化的缺失

传统民居的衰退与社会经济的快速发展密切相关，但是更少不了民众的思想认识和对传统民居的误解。五四运动以来，特别是 1949 年

---

① 参见高敏芳《关中天水经济区农民视野中新农村建设存在的问题和对策：对渭南新农村建设情况的调研》，《渭南师范学院学报》2011 年第 3 期。

后，我国特殊的时期和年代经历了破四旧、移风易俗和"文化大革命"等一系列运动，加之经济全球化的影响和西方文化对我国传统文化的冲击，有人认为只有西方文化才是现代的、先进的，而我国过去的传统文化都是落后的、无价值的。因此，很多人把传统民居和古旧村落认为是贫穷和落后对象征，把许多优秀的传统文化当作是封建愚昧的糟粕。[①] 大量珍贵的古村落建筑群和极具价值的传统民居因其破烂不堪、不"值钱"、不"实用"而被随意毁坏，或被拆除，或被买卖。甚至在新农村的建设中，若要改善居住环境对应的就是拆老房、盖洋楼、建新村，而忽略了祖先千百年来留下的宝贵建筑遗产。在此影响之下，也导致了传统民居的营造技艺濒临失传。陕西关中东部地区的韩城党家村，传统民居的新旧建筑差异可谓是一目了然。建筑文化的断裂和传统营造技艺的失传使得许多新建民居难觅传统的踪影。随着农村青壮年进城务工和原有工匠艺人的不断老去，再加之传统的营建技艺常被当作代表封建落后的雕虫小技，成为破除的对象，传统民居的营造技术已经走到了失传的边缘，懂得传统工艺的工匠艺人难以寻找，建造一如往昔的传统民居亦成难事。[②] 然而，随着社会文明的不断发展，特别是在党的十八大之后，文化自信和保护与传承中华优秀的传统文化已经成为重中之重，对传统民居与古旧村落的保护力度正在逐步加大，"关中传统民居营造技艺"也于2013年9月被列入陕西省第四批非物质文化遗产名录。

五　民居自身的缺陷

陕西关中西部地区的传统民居主要有窑院与合院两种形式，以土木或砖木结构搭建组合而成，建造模式都以低层为主，大都以一层或两层房屋建造居住，与现代居住模式相比，其占地面积较大。从人口的增长和城市化发展的弹性空间来看，传统民居的低层建筑已经不再

---

① 参见孟祥武《关天地区传统生土民居建筑的生态化演进研究》，同济大学出版社2014年版，第58页。
② 参见孟祥武《关天地区传统生土民居建筑的生态化演进研究》，同济大学出版社2014年版，第58页。

适应社会的发展，尤其是位于城市的中心位置，更是寸土寸金。而且近些年来，随着城镇化进程加快，农村的大量人口涌向城市，但是在传统民居较为集中的农村，还出现了居住用地反增不减的现象，关键原因就是粗放型居住建设管理下的宅基地面积超标，"一户多宅"的现象仍然存在。房屋空置与短命建筑也时有发生，造成"推到砖头垒砖头"的低水平重复建设现象，浪费了大量的人力资源。[①]

此外，陕西关中西部的传统民居多数已经历经了几十年甚至数百年风雨沧桑，由于其独特的居住形式和建筑结构，多数民居残破不堪。建筑年久失修，屋面杂草丛生，瓦件破损缺失，木构霉烂开裂，地面泛潮破损，墙体酥碱坍塌，院内杂物堆积，建筑内部强电线路搭接混乱，火患和残损情况非常严重，亟待维修。在现代生活方式的影响下，由于这一地区传统民居的基础设施陈旧，在采光、通风等与日常生活息息相关物理环境上也有明显的缺陷。院落内公用设施不足，生活垃圾、人畜粪便、养殖废物、生活污水等任意排放，环境卫生状况较差。室内空间呆板狭小，卫生洗浴与厨房排风设施不完善，且居住密集，人口密度较高，老龄化问题突出。特别是隆冬取暖季节，由于独门独院式的布局相对分散，不利于能源高效和集约化地使用，造成了热舒适度低下，但是取暖能源消耗较大，不仅居住质量和生活舒适度较低，而且面临能源浪费和短缺并存的危机。

第三节　陕西关中西部传统民居的再造价值

传统民居是我国建筑艺术宝库中的重要资源。它不仅是勤劳智慧的先民们留给我们的重要物质文化遗产，而且在其中还萌生和孕育出了种类繁多且形态丰富的诸如民间音乐、民间美术、民间戏曲等多种类型的非物质文化遗产。这些非物质文化遗产作为我国优秀的民间文化普遍存在于传统民居的环境及社会群体中，同人们的日常生活习惯

---

① 参见孟祥武《关天地区传统生土民居建筑的生态化演进研究》，同济大学出版社 2014 年版，第 59 页。

密切相关，并且和传统民居一起形成了有机的整体。它们脱离了这些物质与人文环境，不能孤立存活，而且会逐渐消亡。因此，传统民居是这些非物质文化遗产的根基和载体，是它们生存与发展温润的土壤。并且，传统民居还是每一个设计师的创作源泉，就像建筑大师赖特在对美国西部农庄丰富体验的基础上创造出的著名草原式住宅，柯布西耶也在基于对地中海民居考察的基础上，特别是希腊圣托里尼地区的山地民居，创作的一代名作朗香教堂，贝聿铭在我国江南民居基础上创作的苏州博物馆。① 同时，传统民居长期以来一直伴随着我国的农耕而产生并逐步发展演进直至成熟定型。它与我国的农耕文化密切相关且作为我国优秀的农耕文化遗产更是我国"三农"问题和新时期乡村振兴战略的重要组成部分。

陕西关中西部地区的传统民居历史久远，和在我国建筑史上占据着重要地位的关中民居相比既有区别又有联系。它在院落选址、建筑形制、材料运用、建筑装饰等方面，无不体现着天人合一、因地制宜、表里如一的营建理念。它尊重自然、利用自然的聚落形态深深镶嵌于西秦大地，饱含了这一地区劳动人民千百年来的智慧和价值观念，是关中西部地区文化的集体体现，散发着独特的魅力。因此，陕西关中西部地区传统民居作为这一地区多种传统文化、地域文化、民俗文化的载体，能够体现出历史、文化、艺术、社会、教育等多重价值。

一 历史价值

我国历史悠久、幅员辽阔、地形复杂、气候多样，且东西南北文化差异较大，使得我国的传统民居呈现类型繁多、各放异彩的形态。各个地区的传统民居都是千百年来智慧和勤劳的先民们与大自然抗争和融合的结晶，是悠久漫长的各个历史时期人文、习俗、艺术和科技的具体体现和真实写照。

陕西关中西部地区，自新石器时期开始至今已有8000余年的历史，人类在这一地区生产生活的历史较为久远。这里传统民居正是伴

---

① 参见吴昊《尺度的感悟》，中国建筑工业出版社2011年版，第2页。

随着人类的活动逐渐出现并不断演变的物质文化遗产，无论是早期利用自然所居的洞穴，还是后期改造自然建造的宅院，都是时代流传下来的历史财富，承载着这个地区人类的历史和丰富的民间文化。周秦文明从这里滥觞所出，汉唐文明对这里日渐月染，这里灿烂辉煌的历史文化不仅造就了中华文明，而且还深深地影响着这个地区的传统民居聚落。传统民居作为陕西关中西部地区重要的物质文化遗产和众多非物质文化遗产的载体，产生于特定的历史条件和背景，饱含了特定时代的历史特点和地域特色。这一地区的传统民居大都为明清和民国时期的遗存，我们能够从这些地域特色鲜明的传统民居建筑中，了解到这些历史时期这一地区的生产力发展水平和生活方式，读懂当时的社会组织结构和人与人之间的相互关系，并透过传统民居的建筑装饰看出当时历史背景下他们的道德习俗与思想禁忌。同时，通过对陕西关中西部地区传统民居的再造与保护性创新设计，深入发掘这一地区的历史及其风土人情与民俗习惯，实现对陕西关中西部地区传统民居所特有的历史性息、风貌格局、民俗民风和其中所蕴含的传统文化有序传承。

二 文化价值

传统民居是我国重要的物质文化遗产。它作为人类生产生活所必需的产物，将历史的发展与文化的传承均融于其中，无论是建筑的风格，还是建筑的形态，处处都体现着先辈们的智慧。传统民居最初的目的仅仅是人类为了能够拥有栖息之所。但是，随着时间的推移和经济的不断发展，农耕文明的进步将我们的生活方式改变成了定居模式，不同的社会关系、等级制度以及宗法礼制也随之交融在了一起。我国现存的传统民居不仅形态和样式丰富多彩，其中所折射的文化内涵更是包罗万象。这些带有浓厚历史韵味的传统民居验证了中国传统文化的诸多理念，一砖一瓦与一门一窗之间都隐藏着无限的文化内涵，其中有许多传统文化仍延续至今，而这些文化的渊源也正是这些镶嵌于华夏大地的传统民居。

陕西关中西部地区是我国黄河流域的核心区域，这里的传统民居是该地区特有的自然、社会和历史背景下的产物，是"姜炎文化""渭水文化""黄河文化"乃至整个中国农耕文化的物质载体和重要文化遗产。在这片历史悠久的西秦大地上，除了深受周秦汉唐的皇家文化，民间文化是这个地区最为重要的文脉分支，而民间文化的根源就是这里的农业文化。我们的祖先早在3000多年前就开始在这里的土地上教民稼穑，树艺五谷，开启了西秦大地乃至整个华夏大地的农耕文明。农耕文化也成为我国众多传统文化的源头。这里的传统民居伴随着农耕文明的发展不断演进，无论是因地制宜的建造理念与斗榫合缝的营建技艺，还是设计巧妙的院落结构与技艺精湛的建筑装饰，都深深地富含着这些宝贵的中华传统文化。这些传统文化也正是一代代祖先所留给我们的更为弥足珍贵的非物质文化遗产。

早在2003年联合国教科文组织通过的《保护非物质文化遗产公约》中就强调了非物质文化遗产"面临损坏、消失和破坏的严重威胁，但又是可持续发展的保证"[1]。2005年，在西安召开的第十五届国际古遗址理事会大会，通过了《西安宣言——保护历史建筑、古遗址和历史地区的周边环境》。其中正式明确了环境的概念，并认为相关环境是遗产完整价值不可缺少的组成部分，不仅应该保护文化遗产本体本身，也应该保护与其相关联的周边环境，环境也不仅有物质内容，还包括以往忽视的精神要素，环境不是可有可无的附着物。这也将环境对于遗产和古迹保护的重要性提升到了一个新的高度。

陕西关中西部地区的传统民居无论是建筑艺术，还是装饰艺术，正是人类文化可持续发展的重要载体。通过以这一地区的传统民居为基点的再造和保护性创新设计能够更好地保护并继承和发扬关中西部地区的传统文化，繁荣建筑和环境设计的创作，丰富和充实中华民居建筑文化宝库的内容。同时将传统民居建筑中所富含的各类非物质文化遗产有机融合，并以再造后的传统民居为载体将它们"活化"地展现出来，实现良性地保护与传承。

---

① 吴昊：《陕西关中民居门楼形态及居住环境研究》，三秦出版社2014年版，第347页。

三　艺术价值

传统民居是我国传统建筑中最生态、最朴实、最人性化、最生活化的建筑类型，也是我国众多民间手工艺融合的一个缩影。无论是建筑形制，还是建筑装饰，其所具有的质朴建筑艺术美，是各个地区老百姓长期劳动创造出来的文化和艺术成果，是建筑本原文化的精髓，也是最理想的居住环境，更是我国传统建筑文化与民俗文化完美结合的最佳范例，其顺应自然并与自然合而为一的构成形态，融入了我国传统的哲学观和美学观。正如日本建筑学会农村计划委员会委员长青木正夫博士在赞扬陕西韩城党家村的传统民居遗存时所说的："我曾到过亚、欧、美、非四大洲的多个国家，从来没有见过布局如此紧凑、做工如此精细、风貌如此古朴典雅、文化气息如此浓厚的古代传统民居村寨。党家村是东方人类古代传统居住村落的活化石。"① 这正是对我国传统民居建筑所蕴含的自然美与和谐美的高度肯定。

陕西关中西部地区传统民居的形成受制于其独特的气候、地貌、历史、人文等条件，在建筑材料、建筑结构、建筑装饰等诸多方面均有较高的艺术价值。"天有时，地有气，材有美，工有巧，合此四者，然后可以为良。"② 这是早在我国两千多年前先秦时期的著名工艺著作《考工记》对于工艺制作中追求材料美的记载。陕西关中西部地区的传统民居在建造中大都就地取材，不论是窑洞还是合院，均以土、木、砖、瓦为主要建筑材料，并以我国传统建筑中特有的建筑构造，将这些材料进行科学的排列与组合。通过这些价廉物美的材料所营建的民居建筑，让人感觉到更多的是少有的安全感、难得的纯朴感和向往自然的亲切感，以最接地气的、朴实无华的美来体现其建筑选材的艺术价值所在。这一地区的传统民居除窑洞以外均以土木或砖木结构建造。这种木造结构的方法也是我国大量传统建筑使用了三千多年且至今仍在沿用的主要建筑结构。在林徽因先生和梁思成先生共同完成的著作

---

① 吴昊：《尺度的感悟》，中国建筑工业出版社 2011 年版，第 2 页。
② 杨天宇：《周礼译注》，上海古籍出版社 2011 年版，第 233 页。

《清式营造则例》中曾这样描写过此种木造结构："其用法则在屋构程
序中，先用木材构成架子作为骨干，然后加上墙壁，如皮肉之附在骨
上，负重部分全赖木架，毫不借助墙壁。"在我国北方常常说起的一
句通用的谚语"房倒屋不塌"，也正是这一结构原则的一种表征。该
地区传统民居所用的这种建筑结构体现的不仅是因地制宜的营造理念，
更是传统民居营建技艺的智慧之美。此外，这一地区的传统民居通常
在建筑构件的交会和节点之处运用大量的砖雕、石雕、木雕来进行建
筑构件的装饰，以掩饰民居建筑中建筑构件的突兀感，同时增强民居
建筑的艺术美感和节奏感。这些建筑装饰不仅雕工精湛，而且所雕饰
的内容寓意也极为丰富，在整座民居院落中呈现出有饰必有雕，有雕
必有图，有图必有意，有意必吉祥的建筑装饰风格。这些民居院落中
的建筑装饰是该地区传统民居中富含艺术价值最高的组成部分。它们
在展现表象上技术与艺术合而为一的做工之美的同时，更为丰富的是
隐藏在建筑装饰其中所蕴含的"生命精神的表达、道德伦理的教化、
乐观向上的精神"的文化之美。通过保护性创新设计的手法对陕西关
中西部地区传统民居的再造，也正是要将这一地区传统民居中的材料
美、技艺美、做工美和文化美更好地保护和传承，而且通过此种方法
的再造也是将其保护和传承最为有效的途径。

四 社会价值

传统民居是我国建筑史上的一枝独秀。它作为我国传统建筑中重
要的建筑形式充分体现了其功能、构造和艺术的完美统一，同时它又
真实地反映着人民群众的精神世界，也是对客观现实中人类社会生活
的整体写照。透过传统民居能够折射出人民群众的民俗民情、生活状
态，对待事物的认知方式、价值观念和思想理念以及处世哲学和审美
情趣，并以感性的形式承载着人们的精神信仰。

陕西关中西部地区大量遗存的传统民居，不仅是一种纯粹的艺术
创造，还负载了丰富的民间信仰内容。从表面来看，民间信仰具有丰
富的艺术特征，但同时也更多地蕴藏了深刻的信仰内涵。透过对民间
信仰的分析，可以看出民众的信仰观念和信仰习俗，以及信仰与艺术

创造和民众生活之间的关系。民众信仰神灵、神兽是为了祈求通过她们的护佑来寻求帮助，恳求借助她们的力量达到消灾除病，祈福禳灾的目的。① 陕西关中西部地区传统民居中大量以神灵和神兽为题材所进行的建筑装饰实际就是功利性观念的物化形式或替代品。这些神灵与神兽的各种形象是民众借以通神达道、彼此交流沟通的桥梁，这些艺术形象也正是民众对平安幸福的向往。就像民间会将关公的忠勇义气被附会为武财神，多以五绺长髯、双眉紧锁、红面绿袍、气宇轩昂的形象来塑造，以显示一派忠义和刚直无私；而土地爷的形象则常常是慈眉善目、笑逐颜开。这一地区传统民居建筑装饰中的创造活动及物化形式，不仅折射出了民间艺术的道德伦理追求，还与民众的价值观念、审美观念和情感意识相互融合、互为一体，体现着陕西关中西部地区传统民居建筑装饰中丰富的文化内涵。②

陕西关中西部地区的先民们通过传统民居这一综合载体来认识并宣扬人与人、人与社会之间的道德伦理关系，同时在人与人之间的社会活动中来规范人的价值观和道德观，构建人与人之间和谐完美的道德伦理关系。并且在传统民居的建造、使用与传承过程中，将这种道德伦理关系又加以拓展和延伸，使得人与物、人与自然之间也同样建立了一种伦理情感。③ 通过对这一地区传统民居的保护性再造就是要将其中所蕴含的思想观念、价值观念和道德观念进行良性的传承。同时将由一个个传统民居所构建的村镇聚落，这一连接家族血脉，我国族群文化的重要载体和中国传统宗亲关系的文化之根有序传承。

五 实用价值

居住与生活是传统民居的基本功能，特别是在男耕女织的农耕社会，人们日出而作，日落而息，传统民居作为先民的栖息繁衍之所，它以一种物化的、可视的、可触的、可感的实体形象显现在人们面前，

---

① 参见吴昊《陕西关中民居门楼形态及居住环境研究》，三秦出版社 2014 年版，第 349 页。
② 参见吴昊《陕西关中民居门楼形态及居住环境研究》，三秦出版社 2014 年版，第 349 页。
③ 参见李轲《陕南传统民居建筑装饰艺术研究》，硕士学位论文，西安美术学院，2009 年，第 65 页。

存在于人们的生活之中。这也决定了传统民居不同于文学、音乐、戏剧、舞蹈等精神性较强的艺术门类。① 我国传统民居多样的建筑形态与丰富的装饰题材的诞生不仅具有丰厚的文化背景，而且同民间艺术的文化生态紧密相连。它与民众的生活环境相互结合，构成了一个有机的整体，为我们伟大的先民营造了生活的世界，同时美化了生存的空间。

陕西关中西部地区的传统民居大量散落于田野和乡间，与民众的生活朝夕相处，客观真实地装点着生活，丰富着农村的生活环境，是广大民众生活的重要组成部分。这里的先民们用它来美化和优化生活环境，反映社会，表达心理，并使现实的生活环境更加绚丽多彩。这不仅为人们的生活带来了便利，使民间的生存环境改变了面貌，而且与大自然构成了一种新的自然、人文景观。这一地区的传统民居以这种文化的形式来参与自然，改造世界，是民间艺术的文化形态使人类生产的客观世界和自然环境发生了改变。陕西关中西部地区的传统民居生在乡村，长在乡村，其养分的供给也直接来自乡村，和农业、农村、农民有着天然的相通性，并且在活跃农村文化生活，传承民族民间文化方面发挥着积极作用，有利于激发农村自身的文化活力，在新时期美丽乡村建设和乡村振兴战略的实施中有着重要的作用和地位。②

发掘陕西关中西部地区的传统民居并以保护性创新的方式对其再造，能够以具有浓厚乡土气息和地域特色的民间文化打造文化品牌，丰富地域文化，并通过相关产业的有机融合，以养老、教育、展示、文旅等艺术项目的对外交流活动，延伸传统民居的基本功能，继续发挥其淳朴而又厚重的实用价值，使陕西关中西部地区优秀的民族民间文化中多样的形式、独特的风格和丰富的内涵逐步体现。通过对陕西关中西部地区传统民居这一物质文化遗产的再造，焕发这一地区传统

---

① 参见李轲《陕南传统民居建筑装饰艺术研究》，硕士学位论文，西安美术学院，2009年，第65页。

② 参见吴昊《陕西关中民居门楼形态及居住环境研究》，三秦出版社2014年版，第350页。

民居的青春，活跃这一地区民间艺术的血脉，助力这一地区乡村经济的振兴，使具有民族特色、地域特色和时代特征的传统民居与美丽乡村蓬勃兴起。

六　教育价值

我国的非物质文化遗产丰富多彩、琳琅满目，包含了各个方面的内容，是传统文化教育的重要来源。传统民居不仅是我国重要的物质文化遗产，而且它还是我国众多非物质文化遗产的综合载体。其中，所蕴藏的大量独特技艺、民间美术和民俗文化构成了教育活动的重要内容和形式。

陕西关中西部地区勤劳智慧的先民们在以简约节制、因地制宜和天人合一的理念营建传统民居的同时还在民居中孕育和创作出了剪纸、刺绣、泥塑等异彩纷呈的民间美术作品，来装扮民居建筑，丰富居住生活，这些民间美术和传统民居建筑与居住文化构成了这一地区农耕文化、地域文化、民俗文化的重要组成部分。这些文化是这一地区的先民们在长期发展的过程中创造、积淀和传承下来的宝贵精神财富，有着鲜明的地域特色和丰富的内涵。它是通过各种符号和行为在历史上代代相传的意义模式，并将传承的观念表现于象征形式之中。通过这些文化的符号体系，人与人得以相互沟通、绵延传续，并逐步发展出对人生的知识和对生命的态度。正如英国人类学家泰勒在其《原始文化》的著作中所说的："文化，就其在民族志中的广义而言，是个复合的整体，它包括知识、信仰、艺术、道德、法律、习俗和个人作为社会成员所需的其他能力和习惯。"[1] 陕西关中西部地区的传统民居与其中所富含的非物质文化遗产不仅包含了丰富的历史文化知识和大量的科学技术知识，而且还有许多极富审美价值的文化艺术精品，它们体现了西秦人民对建筑审美的艺术追求，饱含了浓厚的地域民间文化内涵，古往今来，一直充当着宣传伦理与教化思想的角色。

陕西关中西部地区的传统民居通过运用保护性创新设计的手法将

---

[1]　凌宗伟：《学校文化与品牌建设的哲学思考》，《教育视界》2015 年第 12 期。

其再造并以全新的模式再现，可以成为这一地区传统建筑文化遗产和
众多非物质文化遗产的综合载体，使现如今生活在我国传统文化全面
复兴时期的当代人，以寓教于乐的方式，在真实的环境体验中感受并
学习这一地区优秀的农耕文化、地域文化和民俗文化，增强文化自信，
继承并弘扬优秀的传统文化，同时使这一地区非物质文化遗产教育成
为当代教育的一个重要领域，并成为保护与传承的一条重要途径。

第六章　陕西关中西部传统民居的保护性再造

第一节　陕西关中西部传统民居保护性再造的 SWOT 分析

　　陕西关中西部地区的传统民居大量散落于田野乡间，它们具有建造取材方便、造价低廉、易于施工、节省能源、易于成型等特点，富有人与自然相互融合的原生态性，也是这一地区传统村落中最为重要的组成部分。这一地区的传统民居与传统村落中饱含了诸多中华优秀的传统文化，它们是中华民族的历史结晶，更是中华民族的文化之根和智慧之魂。光明日报的刘伟副总编辑在中国传统村落文化保护与研究论坛上曾表示："保护传统村落极其文化，是全社会应有的责任与担当。只有保护美丽的乡村，延续文化脉络，才能真正实现'望得见山、看得到水、记得住乡愁'。"①

　　陕西关中西部地区是我国周秦文化和姜炎文化的重要发祥地，它们是中华传统文化中极具特色的组成部分，这一地区的传统民居和居住文化正是这些文化生活化的直观表达，同时传统民居与地域特色和地域文化高度关联，是一种稀有的特色资源，是发展地方特色经济的重要手段，而村民在参与保护的过程中，也能逐步摸索到自身发展的

---

　　① 张芳、王根杰：《皖南传统村落文化保护发展的 SWOT 分析》，《宝鸡文理学院学报》（社会科学版）2018 年第 3 期。

商机，并在政府政策的刺激下与多远化发展模式的作用下，改善生活水平，提升人居环境。因此对这些传统民居进行保护与再造不仅是继承和发展中华传统文化的需要，也是发展地方经济的需要，更是改善当地民生的需要。

陕西关中西部地区的传统民居有窑院与合院两种院落类型，建筑均以土木或砖木结构为主。由于近些年来生态与自然环境的改变与民居建筑自身的缺陷，建筑的坍塌现象较为严重，且室内潮湿、采光不良、空气流通不佳，生活配套设施落后，再加之传统民居与现代生活需求的差异性，在村民心中居住于此类传统民居中是落后与贫穷的象征，造成了传统民居院落的遗弃和逐渐衰败。因此，在这一地区传统民居的保护与再造中如何扬长避短，将新技术、新材料、新工艺在凸显地域特色的前提下融入其中并完美与现代生活相融合，使传统民居重新焕发生机与活力，成为复兴这一物质文化遗产最大的挑战。

一　优势分析（Strengths）

陕西关中西部地区拥有跨越千年的儒家传统文化。我国的周礼文化在这里诞生，周秦文化从这里起源，在数千年的动荡与交融中形成了重宗法、尚礼仪的儒家传统文化价值观，而且这些文化对中国乃至世界近千年的思想、文化、政治产生了极其深远的影响。同样这些文化的精髓也反映在这一地区传统民居营建的方方面面。无论是院落的布局与建筑的形制，还是建筑的装饰与室内的陈设，其中无不体现着关于农事的勤劳、夫妻的和睦、长幼的和善以及对待双亲的孝敬，更有对平安、富贵、多子多福、耕读传家等人生美好愿望的表达。[①] 从这些内容中能够看出周礼文化、儒家文化在这一地区传统民居的营建活动中广泛而深远的影响，也正是通过传统民居的营建和居住文化的代代相传，让这一地区的人们得到了更大的精神慰藉和更高的道德升华。

陕西关中西部地区拥有历史悠久的传统建筑文化。传统民居的出现是伴随着人类的生产生活而出现并不断发展的产物。这一地区人类

---

① 参见魏育龙《宝鸡民间布艺的审美特征研究》，《艺术评论》2018 年第 12 期。

历史活动久远，早在 8000 多年前就有了人类在这里生产生活的历史记录。关桃园遗址、北首岭遗址的发掘证明了我们的先民们早在新时期时代就已经开始了在这一地区的穴居生活和窑洞民居的营建，而凤雏遗址和召陈遗址的发掘更是说明了这一地区早在西周时期就已经开始了台榭建筑的营建且建造技术已经基本成熟。特别是对岐山凤雏遗址的发掘已表明，夯土技术的运用已经较为成熟，木构方面开始使用斗拱且连接木构件节点的榫卯制作精巧，建筑装饰在涂饰、雕刻、彩绘等方面也都有了较大地进展，双坡顶、攒尖顶以及"四阿重檐"的屋顶形式和陶制材料的瓦片已经在建筑中使用。并且由于台榭建筑体量较大和礼乐文化影响导致的生活方式与思想观念的变化，有了大门、前堂、后堂等建筑单体延中轴线的次序排列并围合成为封闭且严谨的合院院落空间，成为我国最早的合院建筑。同时在院落中还利用了建筑与地势的落差构建了丰富科学的排水管道。这些营建理念和建造技术也深深地影响着这一地区传统民居的建造。天人合一的营建理念、因地制宜的建筑材料、秩序严谨的院落组合、构造精巧的土木结构、雕刻精美的建筑装饰、科学顺畅的排水管网，无一不是对这一地区悠久传统建筑历史文化的延续，并且其中有许多方面一直沿用至今。而且这一地区的传统民居还具有较强的生态性和可持续性，闪耀着简约节制的生态思想和表里如一的环境理念。

　　陕西关中西部地区拥有丰富多彩的民俗民间文化。"西府皮影""西秦刺绣""凤翔泥塑""千阳布艺""精怪剪纸""木版年画"等形态各异、绚烂多彩的民俗文化和民间美术作品使这一地区拥有了"民间工艺美术之乡"的美誉。这些民俗作品都诞生于这一地区辛勤劳作且聪颖智慧的人们那一双双粗糙而又灵巧的双手，并代代相传延续至今。它们产生于民居而又服务于民居，传统民居的院落、炕头均是这里的人们进行民俗创作和制作的重要场所。这里的人们饱经生活的沧桑，简单纯朴却又知晓天人合一和阴阳相生的高深哲理，懂得人的生命和宇宙自然的变化息息相关，用他们布满老茧的双手将这些民俗作品以精良的选材、考究的做工、优美的造型和淳朴的色彩完美地展现于生活之中，点缀着民居建筑，丰富着居住文化，使原本生硬的民居居住空间，变得更加柔美且富有生活气息，并与传统民居建筑紧密融合为一体，表达着生命精神、教化着道德伦理、诉说着乐观向上、企盼着富贵平安。

二　劣势分析（Weaknesses）

陕西关中西部地区的传统民居主要有窑院民居与合院民居两种类型，这一地区特殊的地理环境和地质构造决定了其主要以土、木、砖、瓦的建造材料和土木或砖木相结合的建筑构造，这些建造材料与建筑结构虽秉承了我国传统建筑机构的精髓且因地制宜，但是风吹、日晒、雨淋、虫蛀等侵害对其建筑的影响较为严重，抬梁式的木构架容易断裂，土制或砖制的墙体容易酥烂，若修复不够及时建筑容易坍塌，造成较大的安全隐患。同时，此种结构由于隔热和保温的需要与当时建造技术开洞、做窗难度较大，因此室内通风不良、采光较差且室内潮湿，只有在豪门大宅院的传统民居中才会有较大面积的门窗使用，普通宅院只能以木板或石条作为过梁，设置较小的门窗。

此外，这一地区的传统民居几乎都由建筑围合而形成院落，占地面积较大，不能使土地得到有效得利用。当代的中国家庭历经了数十年的改造，各个家庭的单位和居住形式都发生了较大变化。曾经"四世同堂"共居一院的现象已基本绝迹，取而代之的是兄弟姐妹、父母儿女以小家庭为单位分开来往，居住人数和规模也都发生了根本性的变化。传统民居中院落大、建筑多的优势已经不复存在，反而在当今社会背景下因其使用效率低下，维护成本过高，成为劣势。

陕西关中西部地区的传统民居院落通常在200—600平方米，多进多跨的院落可以达到1000平方米以上。其中有多数已经不再用于居住，多用作祖宅、祠堂或其他较为初级的经营性质场所。同时由于各个单体建筑之间布局较为分散，使得生活中的功能分区较为凌乱，虽然整体上秩序和空间层次较为强烈，但是不利于资源的集中使用，特别是在供水、供电、供热等方面，管线过长，效率低下，价格高昂，多数维护和修缮都非个人能力所为。

近十年来，伴随着我国经济和科技的飞速发展，人们的生活水平日新月异，对于生活的要求和品质也越来越高。传统民居的居住与生活方式已经无法满足现代的生活需求，特别是年轻的群体，更是难以适应民居中传统的居住与生活方式。陕西关中西部地区的传统民居大多都属于"高龄建筑"，已经经历了几十年甚至上百年的历史，其中有一部分已被遗弃或已坍塌，仍在被居住和使用的也还依旧保持着原有的居住方式和生活习惯，虽然在居住和生活中不断进行修缮，但是由于其始建时间久远，基础设施薄弱，现代的配套设施更新难度较大，与当今社会的居住和生活方式相比，使用环境仍然较为低略。特别是隆冬季节，由于这一地区低温期较长，建筑布局也相对比较分散且建筑自身保温性能较差，使得室内热舒适度低下。而且近五年来我国对于大气污染的治理力度不断加大，原先的取暖方式被最为初级的现代取暖方式所取代，使得传统民居冬季本就棘手的问题更是雪上加霜，造成了冬季居住品质的更加低下，而且能源浪费较大。在传统民居这样劣势之下，更多的人选择放弃传统民居，远离乡村聚落，涌向密集城市，使本就不堪一击的传统民居更加摇摇欲坠。

陕西关中西部地区的传统民居中饱含了这一地区辉煌的传统文化和特有的地域文化以及多彩的民俗文化。这些文化是在其日积月累的浸染中逐步形成的具有系统性的璀璨文化，将它们进行有序传承固然重要，但是内在的创新才是传承的根本。在当今"互联网＋"的社会，面对多元文化的冲剂，这些优秀的文化显现出了自身创新力不足，缺乏发展动力的态势。许多非物质文化遗产的传承人年事已高，有些技艺濒临失传，虽有高校和相关科研院所对它们进行反复地深入研究，但更多也只是停留于理论层面，真正能将其传承下来的少之又少。根据走访调查发现，目前能够熟练掌握陕西关中西部地区传统民居营建技艺的工匠已所剩无几，且大多都已年老体衰，也正因如此"关中传统民居的营建技艺"才被列入了陕西省第四批非物质文化遗产名录。一方水土养一方人，陕西关中西部地区传统民居和优秀传统文化的传承，需要有当地年轻力量和新鲜血液的注入，在保护的基础上让年轻人进行创新，实现有序的传承，使它们迸发出更具特色的内容，将劣势转变为优势，并将它们进一步发扬光大。

三　机遇分析（Opportunities）

习近平总书记在庆祝中国共产党成立 95 周年大会指出"坚持不忘初心、继续前进，就要坚持中国特色社会主义道路自信、理论自信、制度自信、文化自信"①。所谓中国特色社会主义的文化自信，首先就是对中华民族古老文化理想的继承与自信。当今社会，人们对传统文化的回归成为一种潮流。② 中国的环境艺术设计也在经历初期的迷茫和中期的盲目崇洋后进入了回归中华传统文化的全面复兴时期。提倡传统文化，倡导"文化自信"，已经成为当下的社会主旋律。陕西关中西部地区的传统民居作为物质文化和非物质文化的综合载体，其中富含了我国传统文化的诸多方面内容，对其实施的保护和再造也正是对这些优秀传统文化所进行的保护和传承。特别是近些年来，政府也在对传统文化的保护方面做出修订《文物保护法》，实施民族民间文化保护工程和非物质文化遗产代表作名录等一系列举措的努力。陕西关中西部地区的传统民居应当与时俱进，抓住发展的契机，做好对它们的保护与再造。

乡村振兴战略，是习近平总书记 2017 年 10 月在中国共产党第十九次全国代表大会上做出的重大战略部署，是决胜全面建成小康社会、全面建设社会主义现代化国家的重大历史任务，也是新时代"三农"工作的总抓手。2018 年 1 月，中共中央、国务院印发了 2018 年的中央一号文件，即《中共中央国务院关于实施乡村振兴战略的意见》。其中，第五点明确指出了要繁荣兴盛农村文化，焕发乡风文明新气象。要求立足乡村文明，吸取城市文明及外来文化优秀成果，在保护传承的基础上，创造性转化、创新性发展，不断赋予时代内涵、丰富表现形式，切实保护好优秀农耕文化遗产，推动优秀农耕文化遗产合理适度利用。③ 2018

---

① 习近平：《在庆祝中国共产党成立 95 周年大会上的讲话》，中央文献出版社 2019 年版，第 7 页。

② 参见张芳、王根杰《皖南传统村落文化保护发展的 SWOT 分析》，《宝鸡文理学院学报》（社会科学版）2018 年第 3 期。

③ 参见《中共中央国务院关于实施乡村振兴战略的意见》，《人民日报》2018 年 2 月 5 日第 1 版。

年5月中共中央国务院又印发了《乡村振兴战略规划（2018—2022年)》，指出支持有条件的乡村依托古遗迹、历史建筑、古民居等历史文化资源，建设遗址博物馆、生态（社区）博物馆、户外博物馆等，通过对传统村落、街区建筑格局、整体风貌、生产生活等传统文化和生态环境的综合保护与展示，再现乡村文明发展轨迹。陕西关中西部地区的传统民居均散落于田野乡间，是这一地区农耕文化、传统文化、民俗文化的综合载体。在新时期乡村振兴战略背景下，可以以地域特色鲜明，遗存时间久远的传统民居建筑为基点，有机融合相关产业，形成主题突出、业态丰富、特色鲜明的传统民居聚落，优化乡村的产业结构，丰富乡村振兴的路径，助力乡村经济的振兴，再现乡村文明的发展轨迹。

我国自20世纪末开始，对于传统建筑的研究过分重视了古代宫殿、衙署，而忽略了对于民居、村落的归纳、整理和研究。致使许多民居在我们的集体无意识下，经历了致命性的破坏，无数美丽的乡村和千姿百态的传统民居被拆毁，取而代之的是形态类似的所谓现代建筑，这如同将青铜器当作废铜烂铁，又换成了不锈钢，地域特色和地域文化也犹如蚕食一般渐渐消失，逐步形成了千村一面，千城一面的建筑格局。① 虽然在继梁思成先生之后，有一批又一批的仁人志士开始了第二次的"田野考察"，致力于传统民居的发掘与唤醒整个社会对传统民居的重视和保护，但也只是杯水车薪，仅在规模较大且经济欠发达地区的传统民居聚落才得以留存。但是在近几年随着我国传统文化的全面复兴与全民的观念意识的转变，大批针对传统民居进行保护性创新设计的案例如雨后春笋般不断涌现。山西沁源大槐树下的场院、浙江桐庐的青龙坞言几又乡村胶囊旅社书店、江苏兴化的唐堡书院、陕西汉阴的太行村公共生活空间、陕西蓝田的井宇酒店、陕西三元的柏社村地坑窑改造等都是以我国形色各异的传统民居为切入点而进行再造的经典成功案例。它们将传统民居与现代的生活紧密结合，推陈出新，不仅使这些濒临消亡的传统民居建筑重新焕发了生机，而且把传统民居中所蕴含的传统文化、地域文化、民俗文化得以有效的

---

① 参见吴昊《尺度的感悟》，中国建筑工业出版社2011年版，第1页。

保护和传承。同时，随着国民收入的持续稳步增长和消费观念的逐步转变，全民的消费能力不断提高，对于特色消费与个性消费逐步增强。消费结构也由原先单一的生存资料消费，转变为生产资料、享受资料、发展资料等多元化消费，并且对于精神消费和文明消费的追求越来越高。目前，陕西关中西部地区还散落有大量地域特色鲜明、建筑形制完整的传统民居院落。它们在当下的社会环境和背景下都是这里的先民们留给我们的宝贵财富。我们可以将它们以保护性创新设计为总的原则，结合"无痕设计"的设计理念，有机融合相关产业，通过新技术、新材料、新工艺的运用，取其精华去其糟粕，实现对这些传统民居建筑的"活化"保护，并将它们与其中所富含的农耕文化、地域文化、民俗文化真正的"保下来、串起来、亮出来、活起来"。

四 挑战分析（Threats）

伴随着人类生产力的不断发展，科学技术水平突飞猛进。在经历了数次工业和技术革命之后，基于网络物理系统的出现和随着人工智能、石墨烯、清洁能源、可控核聚变等技术的突破，人类也正在大踏步地进入智能化时代。刀耕火种的时代和自给自足的小农经济早已成为人类久远的历史，各类建筑物的建造材料也不再仅仅局限于土、木、砖、瓦等最为基础的材料，建筑结构和建造技术也产生了翻天覆地的变化。金属、玻璃、水泥、树脂、现代夯土等新型建筑材料与钢筋混凝土结构、全钢结构等建造技术的出现也使我们各种天马行空建筑的建造成为可能，并且提高了建筑的寿命，丰富了建筑的装饰，提升了建筑使用的舒适程度。陕西关中西部地区的传统民居均采用土、木、砖、瓦、石等取材便捷、地域特色突出的传统建筑材料以土木或砖木结构建造而成。这些建筑材料与建造方式已经延续了百年有余，已成为这一地区传统民居特有的标志和符号。同时也正是由于这些基础的建筑材料和建造方式中自身的缺陷与科技的发展和社会的进步才导致了这一地区传统民居建筑在居住方式和生活习惯上与现代生活较为激烈的矛盾。如何将新技术、新材料与这一地区传统民居的再造有机结合，既能保持传统民居建筑的地域特色又能有效提升居住和使用环境，使传统民居与现代生活完美融合，重新焕发其生命活力，以此来吸引人口不断回迁，继续发挥传统民居的基本功能，将这一地区传统民居的建筑文脉和其中所富含的农耕文化、地域文化、民俗文化得以有效地展现、保护和传承便成为陕西关中西部地区传统民居保护性再造最大的挑战。

此外，我国改革开放的进程不断加速，经济全球化的不断加剧，各个国家和地区之间在频繁的经济交往基础上文化的交流也日渐频繁。在这样的背景下，各个国家都在以各种各样的方式展示着本国文化，并借此了解和学习它国文化，从而进一步提升本国文化的影响力，这本是文化交流的初衷。但是，这些外来文化与现代文明在逐步被人们接受的过程中，会不可避免的对我们的传统文化造成一定的冲击，特别是对于年青一代思想观念的影响，将会表现的更为明显。在他们的意识形态中普遍认为只有外来文化才是现代和先进的代表，而我国的传统文化都是贫穷和落后的象征。陕西关中西部地区的传统民居承载了这一地区众多的传统文化，但是在我国大力弘扬中华优秀传统文化和倡导文化自信的今天，仍旧有许多人把传统民居和老旧村落当成封建糟粕与穷困的象征，认为改善居住和民居再造首要的就是拆老房、盖洋房，从而摒弃了祖先留给我们的宝贵物质遗产，这也对陕西关中西部地区传统民居的保护性再造构成了不小的挑战。与此同时，2019年我国的人均 GDP 突破了 1 万美元大关。国家统计局局长宁吉喆在国新办举行的 2019 年国民经济运行情况新闻发布会中曾表示"这为中国今年实现全面小康打下坚实基础，也为全人类的发展进步事业做出了我们应有的贡献"①。随着我国经济和社会的高速发展，已经基本具备了为国民提供休闲的条件，而全民收入的稳步提高，也必将带来消费需求和消费结构的升级，这对于乡村旅游中地域文化、民俗文化、特色文化的发掘和开发提出了更高的要求。面对着我国幸福休闲时代的开启与休闲旅游需求的日益强劲，陕西关中西部地区就目前针对传统村落和传统民居资源的简单开发与较为单一的模式势必已不能满足消

---

① 庞无忌:《中国人均 GDP 突破 1 万美元》，2020 年 1 月，中国新闻网（http://www.chinanews.com/gn/2020/01 – 17/9062713. shtml）。

费者的需求，终将被高端的休闲度假游所取代。浙江、江苏、云南等省份在这一方面的保护与开发上早已走到了全国的前列，但是受制于陕西关中西部地区薄弱的经济条件，在对它们的开发、保护和再造也会受到一定程度的限制。

第二节　陕西关中西部传统民居
保护性再造的原则

陕西关中西部地区的传统民居是继承传统的载体，而对其的保护性再造则是顺应时代和适应当代生活方式的现代化表达，如何将这一地区的传统民居进行科学化、系统化、合理化的再造，实现对它们空间载体业态寄宿的转变和建筑文脉以及传统文化、地域文化、民俗文化的有序传承，是急需解决的问题。根据目前我国的发展来看，乡村振兴是当今我国关注的重点，继续对"三农"问题的优化和完善也仍将是我国今后的重要任务。陕西关中西部地区的传统民居绝大部分都遗存于各个县区的乡村，像翟家坡村、万家城村、枣林寨村、刘淡村等在民居聚落、院落结构、建筑形制等方面保留较为完整且地域特色鲜明的传统民居聚落仍大量存在，但是并非所有的聚落都能像陕西关中礼泉的袁家村一般得到较好的保护和发展，其中有许多村落和传统民居，随着时间的流逝，带着与它们共为一体的文化湮灭于历史之中。因此，无论是从传统民居的保护角度来说，还是从乡村振兴的角度来说，制定高标准、切实际的遵循原则是实现对这一地区传统民居保护性再造的首要任务和最重要的一环。

1. 原真性保护原则

"原真性"一词起源于中世纪的欧洲，是英文"Authenticity"的译名，本义是表示真的、而非假的，原本的、而非复制的，忠实的、而非虚伪的，神圣的、而非亵渎的含义。[①] "原真性"在宗教占据统治

---

① 参见阮仪三、林林《文化遗产保护的原真性原则》，《同济大学学报》（社会科学版）2003年第2期。

力量的中世纪，用来指宗教经本及宗教遗物的真实性，而有关这些宗教圣物的真是并不需要有真凭实据，依靠更多的是传说逸事，直到科学的进步和西方文明进程的发展，原真性才摆脱了宗教的蒙蔽，对原真性的追求也逐渐显现出理性的、实证的时代精神和价值观念。而它作为一个术语，所涉及的不仅是宗教与传说，更扩展到文物、建筑等历史遗产以及艺术与创作、自然与人工环境等方方面面。

自 20 世纪 60 年代原真性引入遗产保护领域以来，有关原真性的观念随着现代社会的演化和对遗产的认识而发展，时至今日已远远超出了它的正统含义。1964 年的《威尼斯宪章》提出了"将文化遗产真实地、完整地传下去是我们的责任"①。这正是对遗产保护原真性的最好诠释，也奠定了原真性对于遗产保护的意义。1994 年 12 月在日本古都奈良通过了《关于原真性的奈良文件》，文件中肯定了原真性的定义，同时它也是关于文化遗产原真性保护问题最重要的国际文献。继《关于原真性的奈良文件》之后，1995 年的亚太会议、1996 年的美洲地区会议、2000 年的非洲地区会议等，都是世界遗产委员会鼓励原真性概念在世界不同地区和各个保护团体之间展开广泛的对话和对《关于原真性的奈良文件》的进一步深化和补充。原真性的观念在中国早已有之，我国文物法中"不改变文物原状"的法律原则与其就有一脉相承之处。但是我国对原真性的理解更偏重于对于"原状"的真实，而忽略了历史的延续和变迁的真实。②

文化遗产的原真性保护是其表现形式和文化意义的高度统一。其中的表现形式就是我国意象学说中的"象"的两种状态之一，即客观的自然物或人为物所展现的形象，是文化遗产中实物遗存的表征。文化意义则是文化遗产所反映的历史、美学、社会等方面的价值。传统民居作为重要的物质文化遗产本身就是上述两者的内在统一，原真性反映的也正是这种统一的契合程度。传统民居中的院落、建筑等物质

---

① 国家文物局法制处：《国际保护文化遗产法律文件选编》，紫禁城出版社 1993 年版，第 162 页。

② 参见阮仪三、林林《文化遗产保护的原真性原则》，《同济大学学报》（社会科学版）2003 年第 2 期。

实体，如果离开了它所承载的文化意义，也只能是一堆毫无意义或不被理解的构件。

陕西关中西部地区的传统民居是这一地区优秀的建筑文化遗产，也是这一地区众多民俗文化和民间美术的重要载体。它所具有的价值不仅在于自身的物质性，还包括了附着在其身上的精神性和更为重要的历史性。这一地区的传统民居自建成后见证了陕西"西府"地区数百年的发展，千千万万的先民们在其中繁衍生息，不计其数的事物和故事在民居中刻画演变，在对它们进行保护性再造时，不仅要保留外在的物质性，还要保留其中的文化价值，更要保留时间所留下的特征与印记，遵循文化遗产保护的原真性原则，保持其在各个方面的原真，坚持"整旧如故，以存其真"，进而使其"延年益寿"。避免对传统民居盲目的修缮和重建，同时更应科学和理性地面对在传统民居聚落基础上仿古建筑与景区的修建，使得具有传统形式的新建筑和真实的文化遗产混淆在一起，严重模糊了人们对传统民居保护和再造的正确认识，这样既抹杀了新建筑的真实性，又亵渎了文化遗产的原真性。正如我国文化遗产保护方面的专家阮仪三教授所说："事实证明，我国文化遗产保护面临的最大敌人不是风霜雨雪等不可抗拒的自然力量，也不是完全缺乏相应的保护技术，而是各种片面和错误的认识观念。"[1]

2. 适宜性修复原则

适宜性修复主要是对传统民居通过适宜地再造进行原地保护。"原地保护"是《中国文物古迹保护准则》中的重要原则，要求对文物古迹的保护应尽可能减少干预，保护现存原状和历史信息。主要包括日常保养、防护加固、现状修整、重点修复、环境整治等内容。[2]此种保护模式是指在古迹的原地对其进行必要的保护与修缮，修复损坏的构件，加固必要的结构，丰富缺失的部分，优化原有的缺陷，恢

---

① 阮仪三、林林：《文化遗产保护的原真性原则》，《同济大学学报》（社会科学版）2003年第 2 期。

② 参见季文媚、牛婷婷《徽州古建筑保护模式及应用研究》，《工业建筑》2014 年第 5 期。

复古迹的稳定状态并加以利用。

陕西关中西部地区的传统民居已历经了数百年乃至上千年的发展历史，这里的传统民居是这一地区自然环境、历史环境、人文环境以及生活模式的真实生活写照。它们随着这一地区人类社会和历史的发展不断演变，灿烂辉煌的文化、勤劳质朴的人民、崇德尚礼的传统、顺应自然的智慧都是孕育它们的"温润土壤"。它们就地取材、因地制宜，逐渐形成了隶属于陕西"西府"地区的独特形式。对于陕西关中西部地区传统民居的保护性再造，需从各个层面把握院落和建筑的特点，在建筑结构、院落立面、空间优化、室内装饰等物质空间方面进行合理地逻辑管控，充分考虑并尊重原本的民居建筑信息，把握修复"尺度"的适宜性，使经过保护性再造后的传统民居院落与孕育其产生和促使其演进的"温润土壤"和谐共生，使地域特色鲜明、地域文化浓烈的乡风文明再现。

我国著名的建筑师陆元鼎先生在他的著作《中国传统民居与文化》中曾这样讲过："对于文物建筑保护的最好方法就是继续使用他们。"保护式的利用是欧美等西方国家所倡导的一种对于历史建筑的保护手法，在《世界文化遗产公约》中也多有提及。例如，法国巴黎老城区那些百年以上的住宅，时至今日仍还被人正常的使用和修葺，并没有哪一座被专门腾出来做成只能看而不再用的"死"房子，甚至坍塌了半边的罗马竞技场和半圆剧场，也会时常举办一些演出活动。建筑不是明器，如果对于它的保护切断了与人之间的关系，将会变成一个庞大而又碍眼的东西，想要保护亦会变得更加困难。

任何建筑都会经历产生、发展、繁盛、衰退的过程。陕西关中西部地区的传统民居产生于石器时代，在历经周、秦、汉、唐等朝代的发展和明清时期的繁盛后，由于当今社会、经济和科技的飞速发展以及生活方式的骤变逐渐走向衰退。但是，我们的先民们在其中繁衍生息，创造了中华的文明，同时它们作为陕西关中西部地区重要的民间文化遗产，承载了这一地区众多的农耕文化、地域文化和民俗文化，是这里的先民们留给我们的宝贵财富。我们可以利用传统民居所在村落优势资源，通过相关产业的置入进行保护性再造，提升其居住和使用环境，继续发挥其应有的功能和作用，实现对它们的"活化"保护。在业态的置入过程中，同样要遵循适宜性修复的原则，尊重原有居民的情感与认同心里，优选符合村落发展要求的业态形式，正确布置空间的功能，慎重考虑再造材料的选择、空间界面的处理以及施工制作的工艺，在尊重原有风貌、地域特色和历史信息的基础上赋予它们新时代下的新功能，更好地满足现代人们的生活需求，激发这一地区传统民居的新生活力。

我国中央美术学院吕品晶教授完成的贵州黔西南地区清水河镇天坑古村落中的雨补鲁村传统民居改造就是适宜性修复的经典范例。在对它的保护改造中，设计师深入挖掘了错落的历史文化内涵；着重保护了古村落的风貌特征；特别凸显了独有的民族文化特色；巧妙置入了适宜村落的相关业态，改变了雨补鲁村从前阻滞贫瘠的模样，提升了村民的生活品质，在保护了传统民居和传统村落的同时助力了乡村的振兴。

3. 系统性创新原则

创新与继承是历史发展的两条主线，它们相互交替进行。传统民居作为我国传统建筑文化的重要遗产，是最质朴、最生活化、最接地气的建筑类型。它们的街巷系统、建筑形式、空间形态、功能布局、营建技艺以及建筑、自然与人之间的协调统一无疑不是在当代环境设计创作中值得我们学习和借鉴的典范。然而，这些传统民居毕竟已是过去几个时代的产物，在经历了百年甚至千年的风雨沧桑之后与当今的生活方式和生活水平之间的矛盾日趋显著。如何满足传统与现代之间在功能、空间、结构、材料以及生活方式的适配问题，是必须要解决的问题。我们对传统的创新，归根结底是为了继承，特别是在当今我国文化自信和民族复兴的背景下，中华的优秀传统需要继承，更需要创新，也只有创新了的传统才会更具时代精神。

陕西关中西部地区传统民居的形成是自然、历史、人文、技术等要素共同作用的结果。其中的院落、建筑、装饰、民俗、文化也犹如一个完整的系统，并非孤立存在，就像"硬"和"软"的两个系统，显性或隐性存在于其中。民居院落空间中入口大门、前庭后院、抱亭抱厦、过厅天井等一系列不同尺度的空间形态共同营造出了严谨而又丰富的院落层次序列，围合出了地域特色鲜明的"西府窄院"；临街的倒座、封闭的外墙、坡面的屋顶、高耸的山墙勾勒出的民居建筑外部形态，构建出了并山连脊的"房子半边盖"；屋脊、墀头、影壁、柱础、门枕石等建筑节点部位的精美装饰组成了外简内繁的民居建筑装饰，点缀着宅邸的内外，寓意着幸福、美好和平安。这些传统要素共同构成了陕西关中传统民居的"硬"系统。而传统民居中"简约节制""顺应自然""因地制宜"的营建理念；"长幼有序""上尊下卑""父慈子孝"的儒学礼制观念；"天人合一""象天法地""阴阳五行"的玄学观念，以及以血缘脉络共同聚居的宗族观念和丰富多彩、形态各异的民俗文化共同构成了陕西关中西部地区传统民居的"软"系统。无论是"硬"系统还是"软"系统，它们都是陕西关中西部地区农耕文化、建筑文化、地域文化、民俗文化不可或缺的重要组成部分，也是这一地区地域性环境设计作品创作的源泉，更是新时期美丽乡村建设和乡村振兴的直观体现。

陕西关中西部地区传统民居的保护性再造需将"硬"和"软"两个系统作为一个有机的整体，在继承优秀传统文化的基础上遵循系统性创新的原则，充分结合当代的新材料、新科技、新工艺，运用与时俱进的设计手法对传统要素和文化内涵进行重构，优化院落的空间，固化建筑的结构，美化装饰的界面，活化居住的文化，实现陕西关中西部地区传统民居空间形态的当代发展，传统材料的当代演绎，建筑形态的当代转译和民俗文化的当代传承。

上海西涛设计工作室完成的浙江桐庐青龙坞言几又乡村胶囊旅社书店设计，以艺术、设计和桐庐文化三大主题为主，将一座地域特色鲜明的232平方米木骨泥墙桐庐传统民居为基点来进行保护性再造。设计中置入了胶囊旅社、乡村书店和乡村阅览室的功能，完整地保留了原有的民居形态，将建筑的结构、材料、文化等方面作为一个统一的整体进行保护性创新。设计优化了民居的空间结构，提升了民居的物理环境，丰富了民居的建筑材料，彰显了民居的地域文化，使桐庐地区的传统民居在功能、结构、材料等方面得到了全新的诠释，也使得这座已经百年高龄的老宅得到了"活化"保护，同时实现了对这一地区传统民居建筑文脉良性且有序地传承。

4. 可持续发展原则

可持续发展，最早出现于 1980 年国际自然保护同盟的《世界自然资源保护大纲》，其中要求"必须研究自然的、社会的、生态的、经济的以及利用自然资源过程中的基本关系，以确保全球的可持续发展"，是关于自然、科学技术、经济、社会协调发展的理论和战略，也是科学发展观的基本要求之一。在 1987 年世界环境与发展委员会发表的报告《我们共同的未来》中对可持续发展做了被广泛接受与影响最大的定义，"既能满足当代人的需要，又不对后代人满足其需要的能力构成危害的发展。它包括两个重要概念：需要的概念，尤其是人们的基本需要，应将此放在特别优先的地位来考虑；限制的概念，技术状况和社会组织对环境满足眼前和将来需要的能力施加的限制"[1]。

可持续发展已经成为当今一个应用范围非常广的概念，特别是在我们国家，不仅包括了社会可持续发展、生态可持续发展和经济可持续发展的基本方面，而且在艺术、教育、生活、遗产保护等方面也同样时常提及和运用。我国自 20 世纪 90 年代初便开始逐步重视发展可持续性，1992 年编制了世界上首部国家级的可持续发展战略——《中国 21 世纪议程—— 中国 21 世纪人口、环境与发展白皮书》；1997 年的中共十五大把可持续发展确定为我国"现代化建设中必须实施"的战略；2002 年中共十六大把"可持续发展能力不断增强"作为全面建设小康社会的目标之一。

对于我国历史文化遗产的保护，可持续发展无疑是在所有原则与策略中强调最多，也是国家和政府要求必须要做到的原则。陕西关中西部地区的传统民居作为这一地区重要的民间建筑遗产，在对其所进行的保护性再造中同样应当将可持续发展作为重要的一项原则来遵循，不仅是要保护和保留这一地区的传统民居建筑，传承这一地区的建筑文脉，更多的是要保护这一地区的农耕文化、地域文化和民俗文化，

---

① 奚洁人：《科学发展观百科辞典》，上海辞书出版社 2007 年版，第 1 页。

并将这些优秀的传统文化发扬光大。同时由于传统民居自身在当今社会的发展中缺乏活力，而活态发展对于实现传统民居保护性再造的可持续性有着举足轻重的影响，是当代社会发展背景下不可或缺的组成部分。因此，多元业态这种在当下乃至今后都十分具有活性的模式的融入能够为传统民居赋予新的功能，注入新的活力，激活并再生乡土文化，激发出其内生动力并持续地良性运营，呈现出"见人、见物、见生活"的传统民居和传统村落的保护与乡村振兴应有的面貌，实现陕西关中西部地区传统民居的可持续性保护与再生。

板万村的乡村改造是中央美术学院吕品晶教授继雨补鲁村整体改造后的又一代表之作，也是传统民居可持续发展保护性再造的经典案例。始建于明朝的贵州省黔西南布依族苗族自治州册亨县的板万村，是被我国第三批列入保护名录的传统村落，全村共有76栋传统木构吊脚楼民居建筑和30多栋风格迥异的新建民居建筑。对于板万村的改造，吕品晶教授首先在物质空间的改造上下了许多功夫，将村里108栋建筑的整体风貌进行了协调统一，对房屋结构进行了扶正和加固，外墙保留了原有的夯土做法，建筑立面也遵循原来的风貌进行修整完善，并从硬件上改善了村民的居住条件。同时在改造中尤其强调了振兴村落传统工艺和活化非物质文化遗产的相互结合，在板万村小学的改造中专门设计了布依族乡土文化教室，让孩子们从小就了解和认同自己民族的文化；将闲置的吊脚楼改建成了锦绣坊，为布依族传统的织染刺绣技艺提供生产和传习场地；完善了土陶窑和酿酒坊，希望传统工艺的生产性保护和村民的日常生活能够有机结合。[①] 正如吕品晶教授面对记者的提问时所说："从改造开始，我们就一直向村里和镇里强调，传统村落的改造更新不仅是物质空间的存续、保护和修复，更不能仅限于审美范畴上的乡村风貌营造，一定要考虑长期运营的问题。板万村是国家级贫困村，在城镇化浪潮的冲击下，原有的生产生活方式难以为继，必须找到新的模式，恢复村庄的'造血'机制，与经济和物质上的贫乏相比，板万村拥有丰富的文化资源，众多非物质

① 参见雷册渊《在乡村寻找"遗失的美好"》，《解放日报》2018年8月3日第9版。

文化遗产应该成为这个传统村落脱贫的抓手。于是大家看到，我们把废弃吊脚楼改成了锦绣坊，希望村中有织造手艺的妇女能在这里进行布依锦绣的制造生产、展示交易；我们在景德镇陶瓷学院毕业的回乡大学生何标家建起了一座土陶窑，帮助他利用已有的陶瓷技艺和传统工艺开发土陶产品；我们还对村内酿酒人家的传统民居进行了建筑规划改造，使他们能够兼顾生产和生活。"①

陕西关中西部地区传统民居的保护性再造和吕品晶教授所完成的板万村改造实践一样，需在物质性的空间存续上做足文章，提升传统民居建筑居住和使用环境的品质，并且在精神性的文化传承上下足功夫，织补、延续和发展传统民居的建筑文脉。在为乡村发展注入现代文明的同时，更要兼顾传统文化、地域文化、民俗文化的保护，遵循可持续发展原则，实现传统民居、传统村落、传统文化的可持续发展。

第三节　陕西关中西部传统民居保护性再造的策略

陕西关中西部地区的传统民居是这一地区在特定的地理环境与历史背景下的产物，是该地区乃至全国的优秀建筑文化遗产。它们是对中国传统文化兼容并蓄的完美把握，也是对黄河文明和农耕文化的体现与延续。由于各种原因，目前这些传统民居基本都遗存于田野乡间，因此它们也成为我国新时期美丽乡村建设与乡村振兴战略实施的重要组成部分。乡村振兴的发展，离不开对传统民居的保护，两者紧密相连，相互支持，相得益彰。在我国乡村振兴的战略背景下，陕西关中西部传统民居的保护性再造需统筹兼顾地域、经济、文化等条件，坚持"地域为基、文化为魂、创新为舵、设计为径、环境为果"②，把握好建造工艺与技术的传承、更新与发展，实现传统民居品质的提升和

① 雷册渊：《在乡村寻找"遗失的美好"》，《解放日报》2018 年 8 月 3 日第 9 版。
② 王建国：《新型城镇化背景下中国建筑设计创作发展路径刍议》，《建筑学报》2015 年第 2 期。

可持续发展，弘扬传统建筑的文化，助力乡村经济的振兴。

1. 尊重地域、整体修复

我国著名的建筑学家梁思成先生在他撰写的《曲阜孔庙之建筑及其修葺计划》一文中创造性地提出了"保存或恢复历史建筑的原状"应作为修复工作的重中之重。我国幅员辽阔，民居形式众多，传统民居是一个地区地域文化的具体体现，因此尊重地域、整体修复是对关中西部传统民居保护与再造的首要原则，也是最为重要的策略。

陕西关中西部地区作为中华传统文化的重要发祥地，既是农耕文明的发源地也是农耕文明的重镇。我们的祖先早在3000多年前就开始在这里的土地上教民稼穑，树艺五谷，繁衍生息，开启华夏的农耕文明。《诗经·国风》曰："九月筑场圃，十月纳禾稼。黍稷重穋，禾麻菽麦。"①《汉书·地理志下》曰："其民有先王遗风，好稼穑，务本业，故豳诗言农桑衣食之本甚备。"②《诗经》与《汉书》的记载有力地证明了陕西关中西部地区农耕文明的远古历史。这里的传统民居是周秦先民千百年来改造和利用自然的智慧结晶，是关中西部建筑本源文化的精髓，是黄河流域农耕文明的体现和延续。这里特殊的自然环境和独特的居住文化也使得这里的传统民居具有了独特的地域特征。

传统民居常被称为"没有设计师的建筑"。它的建造大都来自使用者的经验总结与工匠的口口相传。近几年来，在坚定文化自信和开展文化创新的背景下，对乡村传统民居保护改造的实践案例不断涌现。例如，在张雷联合建筑事务所设计的云夕深澳里书局中，为了凸显原本的传统民居特征，设计方案将原有的木质楼板全部保留，并另附龙骨进行优化从而减少震动；民居中的三个土灶也被巧妙地改造为艺术装置，与阅读空间自然融为一体。在江苏南京桦墅村传统民居的改造中，将原有建筑与双坡屋顶木构架体系，做了最大限度地保留，并以原有山墙为背景优化扩建成公共长廊，便于村民与游客

---

① 程俊英：《诗经译注》，上海古籍出版社2012年版，第61页。
② （汉）班固：《汉书》，中华书局2007年版，第257页。

休闲、驻留，以激活村口广场，强化地域特色，引发人们对乡村公共生活场景的回忆。① 这些对传统民居的改造，不仅将民居本身与时俱进的赋予了新的功能，而且还通过精心巧妙的设计保留了原有的历史符号，使改造后的传统民居依旧能够留存"乡野"信息，凸显地域特色，成为传统与现代和谐共存的载体。

陕西关中西部传统民居的保护性再造，同样需要尊重并保持原有整体风貌，同时尊重民居建筑的地域特色，强化地域符号，凸显地域特征。由于这一地区的传统民居院落大都遗存于乡村，因此在对它们的再造中需依据民居院落所处的村落地势与原有的院落结构进行整体修复。通过全新设计语言的运用与相关产业功能需求的结合，将原有的生土靠崖窑洞或土木结构、砖木结构所建的民居建筑有序重组，在尊重原有建筑形态的基础上，利用新技术、新材料和新工艺优化原有传统民居的建筑结构与陕西关中西部地区传统的建筑材料夯土版筑，强化这一地区"天人合一"的窑院与"并山连脊"的窄院的地域建筑特色，使再造后的传统民居既能提升居住和使用环境，同现代生活方式相互一致，又能彰显出地域文化和地域特色，保持与传统民居所处环境的和谐统一，使传统民居的再造与陕西关中西部地区的自然环境和谐共生。

2. 新旧嫁接、有机更新

传统民居是人类改造自然的产物，随着人类生产力水平的不断发展也在不断地改进和变迁。对于传统民居的再造，我们不能通过简单的拆除或者重建，更不能像保护文物古迹那样原貌恢复，应当在旧址与原貌的基础上，将新技术、新材料、新工艺、新产业与传统民居嫁接为一体，进行二度改造，真正做到对传统民居的有机更新。

我国自改革开放以来，特别是在近十年经济和科技飞速发展，人们的生活方式和生活水平日新月异。传统民居大都属于"高龄"建筑，民居的自身环境和居住方式也与当代生活大相径庭，将传统民居进行再造和优化，就是对传统民居保护和传承的有效途径，而对于传

---

① 参见周凌《桦墅乡村计划：都市近郊乡村活化实验》，《建筑学报》2015 年第 9 期。

统民居的再造也并非简单的"修旧如旧"。"修旧如旧"一词是基于梁思成先生所提出的"整旧如旧"保护理念的变异。他在清华大学讲课时就曾讲过"整旧如旧",并非"修旧如旧",而是要保持传统建筑的原始结构和原始形式。19 世纪意大利保护运动领袖博伊托认为"修复的目的是为了传承后代,尽可能地延长作品的物理持存是当代人的责任;可以重建替代性的作品,但不应以牺牲历史痕迹为代价;任一形式的修复都需要坚持一个根本性的原则,即在未来可以被重新修复"。目前我国对于传统民居"修旧如旧"的案例比比皆是,但往往都在红极一时之后又冷清收场。对于陕西关中西部地区传统民居的保护性再造应当秉承梁思成先生"整旧如旧"的核心理念,完整地保留了原有的院落结构和建筑形式,并充分利用新技术、新材料、新工艺来诠释这一地区传统民居的营建技艺,优化居住和使用环境,实现新旧嫁接,有机更新,展现关中西部传统民居的材料美、做工美、文化美。我国历代的工艺制作对于造物材料的选取都极为考究。早在两千多年前的《考工记》中就有:"天有时,地有气,材有美,工有巧,合此四者,然后可以为良。"① 这正是对工艺制作材料美和工艺巧的追求与描述。陕西关中西部地区的传统民居大都坐落在坮塬之上,在建造材料的选择上以土、木、砖、石为主,其中对土的运用最为广泛,夯土版筑就是这一地区传统民居中普遍使用的建筑材料。在这一地区传统民居的改造中,墙体与建筑的外立面可以通过这种材料的广泛运用,并在原有材料和工艺的基础上,充分结合现代夯土的技术与全新的设计构成形式语言,弥补原先夯土版筑材料表面固化不足、易酥烂,防水性能较差,形式单一的缺点,使新与旧有机结合,在凸显了地域特色的同时更好地展现出陕西关中西部地区传统民居建筑材料的质朴与民居营建中所蕴含的"天人合一"。著名建筑设计师马清运与资深室内设计师余平的作品《井宇》和《南京花迹酒店》就是将关中民居与江南民居通过新旧嫁接、有机更新的经典范例。两个作品都是在保持传统民居原始结构和建筑形式的基础上,将北方民居的砖、瓦和南方民居的

---

① 杨天宇:《周礼译注》,上海古籍出版社 2011 年版,第 233 页。

木、石以及内部空间结构结合新技术和新工艺进行的修复、优化与再造，同时融合相关产业将传统民居有效地保护传承，使传统民居在居住和生活方式发生聚变的今天仍然发挥着它的主要功能。正如四川大学杨振之教授所说："对建筑遗产修复与再造的根本目的为的是实现对遗产的有续利用。有续一词说明了遗产的可持续再生，这种再生并不是遗产的物质载体在被重复创造，而是遗产的内在价值仍处在创造之中。"①

陕西关中西部地区传统民居的保护性再造，一方面应遵循就地取材和因材施法，来体现多样而又独特的地域文化和民间风俗；另一方面还应巧妙地利用新的材料、技术和工艺完成新旧的有机融合，使其与时俱进，实现对该地区传统民居这一珍贵的物质文化遗产更好的保护和传承。

3. 优化变异、多元共生

"跨界"和"融合"已成为当今最为时尚的词语，而在这两个词语的背后，也正在重塑我国的产业格局。从 2005 年开始书店已不在单纯的售书，商场也融合了餐饮、娱乐、教育等丰富的业态，小米科技的 CEO 雷军开始培育"大米"，做电子商务的阿里巴巴搞起了金融、物流和保险。各行各业的跨界已经发生或正在酝酿，原本线性的产业格局被经济和科技地迅猛发展打破，各种产业的基因序列正在重组。但是，在"跨界"和"融合"飞速聚变的今天，对于传统民居的保护和利用形式相对较为单一，其中的产业布局也较为单调，多以景区、景点、住宿等旅游业的形式来呈现，创新性略显不足。

传统民居的保护性再造不只是简单的功能转换，它更像是建筑空间的重新激活与再生，对它的保护性再造也不能仅仅停留在观景和住宿的简单层面，应当注重现代人的生活方式与审美观念，注重传统与现代的有机结合，注重新兴产业和多重业态的有效结合，需在尊重生态环境、建筑逻辑和继承历史文脉的前提下，实现传统民居的优化变

---

① 杨振之、谢辉基：《"修旧如旧""修新如旧"与层摞的文化遗产》，《旅游学刊》2018年第 9 期。

异与多元共生。

居住与生活是传统民居的基本功能，特别是在男耕女织的农耕社会，人们日出而作，日落而息，勤劳智慧的先民们还在民居中孕育和创造出了刺绣、布艺、剪纸、泥塑等众多的民间工艺品来服务于民居，并且和传统民居的建筑一起成为我国农耕文化、地域文化、民俗文化的重要组成部分，体现着孝敬长者、夫妻和睦、长幼和善的道德伦理教化与多子多福、耕读传家、平安富贵的人生美好理想。而对于它们的保护性再造，也应当借鉴当今社会"跨界"与"融合"的理念，以传统民居院落为载体，有效融合相关产业，将传统民居和其中的众多民间手工艺品与居住文化作为一个整体通过优化变异，来丰富和优化乡村的产业格局，紧密围绕"产业兴旺、生态宜居、乡风文明、治理有效、生活富裕"乡村振兴战略的总体要求，实现多元共生，助力乡村振兴。目前，我国已有大量的经典实例开创了将传统民居的保护性再造与现代产业有机结合的先河，浙江桐庐的先锋云夕图书馆、湖州莫干山的西坡山乡度假酒店、浙江仙居县的剪纸艺坊和伴湖书吧、安徽石台县的奇峰村史馆、山东济南的起凤桥街 5 号院等这些都是将形色各异的传统民居结合当代新型产业进行保护性再造的成功典范。

陕西关中西部地区传统民居的保护性再造，可以将养老、教育、非遗传承等当今社会的热点问题作为切入点，在尊重地域文化和原有建筑形式与结构的基础上将这一地区大量遗存于田野乡间的传统民居在保持其原有的院落空间秩序与院落建筑结构的前提下，结合乡村产业现状，通过民俗养老院、农耕文化博物馆、名家工作坊、精品民宿酒店等形式进行保护性再造，把这一地区地域特色浓郁的传统民居以全新的设计语言进行诠释，使其焕发出新的生机与活力，实现传统与现代的相互融合，并逐步形成多重产业的融合，来丰富其业态，形成以传统民居为载体的综合体，优化陕西关中西部地区的乡村产业结构，丰富陕西关中西部地区乡村振兴的路径。同时将这一地区的辉煌灿烂的农耕文化、地域文化、民俗文化得到更好的展示和传承，最终实现对这一地区传统民居的"活化"保护与有效传承，将陶渊明笔下所描绘的"暖暖远人村，依依墟里烟"这种意境下的乡村聚落得以再现，

使陕西关中西部地区传统民居中的土坯墙、瓦屋顶、老屋架这些时间
和记忆的载体成为空间的主导，延续乡土美学，弘扬传统文化，传承
建筑文脉。

第四节　陕西关中西部传统民居保护性再造的模式

2018年中共中央的一号文件明确指出了：实施乡村振兴战略，是
党的十九大做出的重大决策部署，是决胜全面建成小康社会、全面建
设社会主义现代化国家的重大历史任务，是新时代"三农"工作的总
抓手。其中文件的第五点特别强调了，乡村振兴，乡风文明是保障。
必须坚持物质文明和精神文明一起抓，提升农民精神风貌，培育文明
乡风、良好家风、淳朴民风，不断提高乡村社会文明程度。要求传承
发展提升农村优秀传统文化。立足乡村文明，吸取城市文明及外来文
化优秀成果，在保护传承的基础上，创造性转化、创新性发展，不断
赋予时代内涵、丰富表现形式。切实保护好优秀农耕文化遗产，推动
优秀农耕文化遗产合理适度利用。深入挖掘农耕文化蕴含的优秀思想
观念、人文精神、道德规范，充分发挥其在凝聚人心、教化群众、淳
化民风中的重要作用。划定乡村建设的历史文化保护线，保护好文
物古迹、传统村落、民族村寨、传统建筑、农业遗迹、灌溉工程遗
产。支持农村地区优秀戏曲曲艺、少数民族文化、民间文化等传承
发展。[①]

按照2018年中共中央一号文件的精神指示，同时结合陕西关中
西部地区传统民居这一重要民间建筑遗产自身的优势与发展机遇，
可以将这一地区的传统民居融合相关产业，以养老、教育、展示、
旅游等方面作为切入点，通过民俗养老院、乡村博物馆、特色民宿、
乡村书店等模式进行保护性创新设计，完成对传统的再造，激发出

---

① 参见《中共中央国务院关于实施乡村振兴战略的意见》，《人民日报》2018年2月5日
第1版。

这一地区传统民居的新生活力，实现对这一地区传统文化、地域文化、民俗文化的"活化"保护与有序传承，助力这一地区乡村经济的振兴。

一　民俗养老院

自 20 世纪 90 年代末开始，老龄人口的快速增长使我国正在经历着世界上规模最大的人口老龄化过程，养老问题已经成为影响我国发展的重要社会问题，而随着社会理念和文化思想的变革，居家养老模式也会逐步被机构养老所取代。在本次项目的研究过程中，有针对性地对 60 岁以上的老人做过调查，从走访调查的结果来看，有 80% 的老人更倾向于机构养老，并且希望在养老的过程中存得住记忆，留得住乡愁。因此，在对本项目理论研究的基础上，结合国务院《"十三五"国家老龄事业发展和养老体系建设规划》和《关于鼓励民间资本参与养老服务业发展的实施意见》，将陕西关中西部地区翟家坡村老村落的传统民居作为实际切入点，进行了以民俗养老院为再造模式的保护性创新设计。初期的设计方案取得了地方政府的高度认可，同时入选了以"新时代·新设计"为主题的"为中国而设计"第八届全国环境艺术设计大展和由文化和旅游部、中国文学艺术界联合会、中国美术家协会共同主办的第十三届全国美术作品展览，获得了我国业内专家的认可与好评。

翟家坡村位于八百里秦川的西端，古为陇州所治，是丝绸之路的要途，现属宝鸡市陈仓区，距离市区 15 公里。这里便利的交通和优越的地理环境，以及深受中华农耕文化和悠久历史的浸润，孕育了这里丰富多彩的民间艺术文化，其中民间社火最具代表，被誉为"中华民间社火之乡"。翟家坡村老村落位于翟家坡村新址东北 2 公里处，坐落在陕西关中西部地区特有的坮塬地貌之上，东西长 0.2 公里，南北宽 0.6 公里，村落中共留存有距今百余年历史的传统民居院落 24 座，其中完整保留的 15 座。在 1996 年版的《宝鸡县志》中，对宝鸡县新石器时代的 20 处遗址进行了简略记载，其中就记有："翟家坡遗址：位于县功镇翟家坡村东的二阶台地上。系仰韶晚期文化，属村落遗址，南北 500 米，东西 150 米。"①

　　然而，自 20 世纪 90 年代以来，特别是进入 21 世纪之后，由于经济的飞速发展和社会、文化、生活方式的改变，塬上这些传统民居的居住生活方式与当今社会生活矛盾日趋显著，再加之社会主义新农村的建设与传统民居的自身缺陷，致使原有传统民居在安全性、舒适性和适应性上有所下降，村民陆续从塬上搬离，但原有的"窑院"传统民居在院落结构和建筑形态上均保留原貌（图 6 - 1），这些民居由于年久失修且得不到保护，损毁较为严重（图 6 - 2）。翟家坡老村落的传统民居，地域特色鲜明，院落结构完整，作为陕西关中西部地区农耕文化和民俗文化的综合载体，从中能够体现出先民们的生活智慧、民俗民情、观念形态和处世哲学，渗透出他们对黄土地的眷恋和热爱。这样的居住和生活方式曾作为 20 世纪五六十年代人的记忆与乡愁，而这一代人经过了一个甲子的奔波与劳碌，大都开始了老年生活。本次设计实践利用村民闲置用房和空置宅基地，将"保护、创新、共生"

图 6 - 1　翟家坡老村落传统民居现状

图片来源：作者摄于陈仓区翟家坡村。

────────

　　①　宝鸡县志编纂委员会：《宝鸡县志》，陕西人民出版社 1996 年版，第 791 页。

图6-2 翟家坡老村落传统民居院落

图片来源：作者摄于陈仓区翟家坡村。

为设计理念，通过"新技术、新材料、新工艺"的运用，有机融合相关产业以民俗养老院的形式进行了保护性再造，并结合乡村振兴的战略，通过良性的运营，逐步形成以养老、展示、教育等为主的多业态传统民居综合体，以此来更好地展示和传承陕西关中西部地区的农耕文化、地域文化、民俗文化与民间美术文化，实现该地区传统民居的"活化"保护与城乡之间的互动，再现的乡村文明轨迹，丰富和拓展乡村振兴的路径，助力乡村经济的振兴。

翟家坡民俗养老院的设计，最关键的是将村座传统民居院落依据地势和原有院落结构进行了整体修复（图6-3）。通过全新设计语言的运用，并结合养老问题的相关功能所需，将原有的生土靠崖窑洞和土木结构所建的"半边盖"厦房进行了巧妙重组。在尊重原有建筑形态的基础上，通过全新的技术、材料和工艺优化了原有传统民居的建筑结构与基础设施，强调了地域特色鲜明的并山连脊的单坡屋顶，同时沿用了被陕西关中西部地区传统民居广泛使用的建筑材料夯土版筑，并充分结合了现代夯土技术和设计构成的形式语言，通过巧妙的解构与重构，既弥补

图6-3　翟家坡民俗养老院鸟瞰效果图

图片来源：作者绘制。

了原有材料原先表面固化不足、易酥烂，防水性能较差的缺点，又丰富了形式呆板、样式单一的建筑外立面（图6-4）、（图6-5），使"新"与"旧"有机融合，将再造后的传统民居既能够提升居住和使用环境，同现代生活方式相互一致（图6-6），又能够彰显地域特色，凸显地域特征，保持传统民居与陕西关中西部地区自然环境的和谐统一（图6-7）。同时将这一地区的居住文化（图6-8）、民俗文化（图6-9）、民间美术（图6-10）以民俗养老院模式再造后的传统民居作为全新的载体（图6-11），使这些文化和民间美术工艺品回归生活的本原，通过"活态化"和"生活化"的展示，得到最为有效的保护和传承。

图6-4　翟家坡民俗养老院外立面效果图1

图片来源：作者绘制。

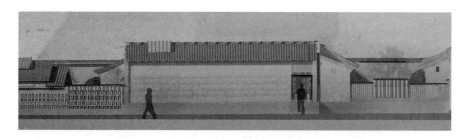

图 6 - 5   翟家坡民俗养老院外立面效果图 2

图片来源：作者绘制。

图 6 - 6   翟家坡民俗养老院庭院效果图

图片来源：作者绘制。

二   乡村博物馆

博物馆是征集、典藏、陈列和研究自然与人类文化遗产的文化教育机构，按其规模、类型、所处区域等属性可以划分为多种类型。乡村博物馆作为博物馆中出现较晚的类型之一，学术界至今仍未形成统一的共识，而这一朴素的名称所指的更多的是土生土长于乡村地域，

图6-7 翟家坡民俗养老院居住区入口效果图

图片来源：作者绘制。

图6-8 翟家坡民俗养老院窑洞房间效果图

图片来源：作者绘制。

图 6 - 9　翟家坡民俗养老院接待区效果图

图片来源：作者绘制。

图 6 - 10　翟家坡民俗养老院单间效果图

图片来源：作者绘制。

图 6 - 11　翟家坡民俗养老院入口效果图

图片来源：作者绘制。

为保护地方文化遗产，增强地方文化认同而建立于乡村的各类博物馆，包括生态博物馆、主题博物馆、人物纪念馆、村镇乡史馆、民俗民艺馆等。①

乡村博物馆最早起源于欧洲的英国。在英国的国土面积中，有 2/3 以上的土地属于乡村，在这些乡村中留存有丰富多彩的乡村文化景观，而在英国的传统习俗中，本身就有设立博物馆的习惯，不论是城市还是在乡镇，大大小小、各式各样的博物馆不计其数。同时由于英国早期的圈地运动和殖民主义扩张以及 18 世纪以来的工业革命，使得越来越多的人与乡村生活出现了裂缝，大量的乡村人口涌向城市，推动了整个社会城市化进程的加剧。而工业化和城市化的进一步发展激发了英国社会主流阶层的反弹，他们开始借助保护乡村的方式来对抗城市化和现代化所带来的危机，并在 19 世纪初叶，成立了专门的乡村遗产保护机构，建立了大量的乡村博物馆。② 它们大都由几间屋舍来组成

---

① 参见鲍世明《乡村博物馆的主题展示策略研究》，硕士学位论文，中央民族大学，2020年，第 11 页。

② 参见鲍世明《乡村博物馆的主题展示策略研究》，硕士学位论文，中央民族大学，2020年，第 13 页。

基本的展厅，以原住居民的生活物品为展品，展示乡村的特色。这些早期的乡村博物馆规模虽然不大，但是已经开始发挥其保存乡村文化技艺和传承乡村文化的功能。

我国的博物馆起源较早，最早可以追溯至周朝用于珍藏皇家器物和祭祀用品的天府玉府。① 但是乡村博物馆最早在20世纪80年代才开始出现，对于乡村博物馆的解释也仅停留于字面的含义，泛指在乡村建立的博物馆，用于收藏和展示乡村历史发展所遗留下来的文物，讲述乡村历史，进行乡村历史文化知识的教育。直至进入21世纪以后，随着文化在国家综合实力中所占比重的加大和对乡村发展的重视，才逐步加大了对于乡村博物馆系统化、规模化、正规化的建设。特别是2012年浙江安吉生态博物馆群的正式竣工开馆，开启了我国继贵州梭戛生态博物馆、广西生态博物馆群之后的第三代乡村博物馆模式——安吉模式。安吉生态博物馆群以丰富多样的手段充分展示了安吉的物质与非物质文化遗产，它的建立是生态博物馆与乡村发展结合的成功实践。

我国拥有近万年的农业生产历史，是世界农业的重要发祥地之一。在悠久漫长的农业文明背景下，散落于中华大地各个乡村产生了丰富的文化遗产，形成了特色鲜明的农业文明与农耕文化。我们的先民们聚族而居、精耕细作，这些伴随着农业生产而产生的农耕文化孕育了自给自足的生活方式和与之相关的一系列农政思想、管理制度、文化传统，这些思想、制度、文化与当今社会所提倡的和谐、低碳、环保的理念不谋而合，它们不仅赋予了中华文化的重要特征，也是中国文化之所以绵延不断、长盛不衰的重要原因。然而，随着城市化与工业化的飞速发展，城市文化过多融入乡村，打破了乡村原有的结构，传统的农耕方式大多被现代化机械所取代，乡村的传统风俗与传统记忆不断衰亡，使得乡村的文化符号和传统的农耕文化逐渐淡化，走向消亡。乡村博物馆的建立就是留存乡土文明，传承农耕文化的有效途径

---

① 参见鲍世明《乡村博物馆的主题展示策略研究》，硕士学位论文，中央民族大学，2020年，第23页。

与有力保障。2018 年 9 月我国颁布的《乡村振兴战略规划（2018—2022 年)》中也针对乡村文化层面的发展做出了具体的要求，提出保护利用乡村传统文化应该保护传统建筑、村寨、文物古迹、农业遗产等内容，同时明确指出了乡村可以立足实际情况，建设遗址博物馆、乡村博物馆、户外博物馆，通过保护传统文化和生态环境实现乡村文明发展轨迹的再现。传统民居作为乡村中最为重要的组成部分，承载了隐匿于乡村中的农耕文化、地域文化和民俗文化，体现了先民们的民俗民情、生活智慧和处世哲学，在历经了数百年的风雨沧桑后，能够遗存至今，散落于田野乡间的它们本身就是一座座天然的博物馆，而通过传统的再造以乡村博物馆的模式对其进行保护性创新设计，能够将这些宝贵的物质文化遗产成为乡村文化的窗口，顺应当今时代的发展，更好地保护分布于广阔乡村的文化遗产，保护传承农耕文明，展示乡村的历史文化脉络，留住记忆，守住乡愁，唤醒乡村情感，为乡村的可持续发展注入源自血脉中的灵魂之力。[1]

碾畔黄河原生态民俗文化博物馆，位于我国黄土高原腹地的陕西省延川县土岗乡碾畔村（图 6 - 12）。2002 年由中央美术学院的靳之林教授发起利用碾畔村老村落中的 40 余孔窑洞传统民居改建而成，这些窑洞传统民居犹如镶嵌在黄土坡上的壁画一般，依据山势和沟坡分布，层层叠叠（图 6 - 13）。它们反映了中华民族的祖先们对于混沌化分阴阳，阴阳相合化生万物，万物生生不息的阴阳二元论认识，是人类生土建筑文化的典型样式，也是人类利用自然、因地制宜的杰出代表，更是黄河沿岸本源文化和华夏文明的重要载体和源头。[2] 老村落中的博物馆最早用来展示村落中的民俗民风和历史沿革，而后逐渐完善为展示黄河原生态民俗文化的乡村博物馆，是国家教育部直属的文化保护工程。2006 年本项目组成员受到延川县人民政府的委托，结合"无痕设计"的设计理念，完成了对碾畔黄河原生态民俗文化博物馆

---

① 参见刘俊杰《河南省乡村博物馆研究》，硕士学位论文，河南大学，2019 年，第 35 页。
② 参见谭明《本源乡土景观生态保护性考证——黄河原生态碾畔窑洞遗址博物馆环境艺术保护与设计》，《当代艺术》2008 年第 2 期。

图6-12　碾畔黄河原生态民俗文化博物馆入口

图片来源：作者摄于延川县碾畔村。

图6-13　碾畔黄河原生态民俗文化博物馆全貌

图片来源：作者摄于延川县碾畔村。

的整体规划设计。设计中结合了老村落的地势地貌（图 6 - 14）、（图
6 - 15），充分利用了当地窑洞民居的传统建筑材料，通过新技术与
新工艺的运用对所有的窑洞院落进行了系统地修复，将空间进行了
有序地梳理，并按照科学的展陈逻辑将博物馆划分为历史文明、原
始宗教、农耕文化、生产生活、农村匠工、婚嫁生育六个主题，将
碾畔黄河原生态民俗文化博物馆的展陈巧妙地融于传统民居之中
（图 6 - 16）。碾盘、磨盘、辘轳以及不同年代的生活用品（图 6 - 17）
和不同背景的生活习俗，或展示于院落之中（图 6 - 18），或陈列于窑
洞之内（图 6 - 19），直观地体现着当地人祖祖辈辈原生态的生活面
貌，以这种满满的生活气息和浓浓的黄土风情以及融入"黄土"之中
的真实生活体验来展示黄河文化，传承农耕文明（图 6 - 20），同时
通过对老村落中早已荒芜沉寂的生土窑洞的有效利用来保护在黄河
文明历史变迁中渐渐褪色的窑洞传统民居（图 6 - 21）。设计方案也
正是凭借这种设计理念和淳朴的表现形式得到了我国业内专家的认
可，获得了"为中国而设计"第二届全国环境艺术设计大展的优秀
作品。

图 6 - 14　碾畔黄河原生态民俗文化博物馆东西剖面图

图片来源：郭贝贝绘制。

图 6 - 15　碾畔黄河原生态民俗文化博物馆南北剖面图

图片来源：郭贝贝绘制。

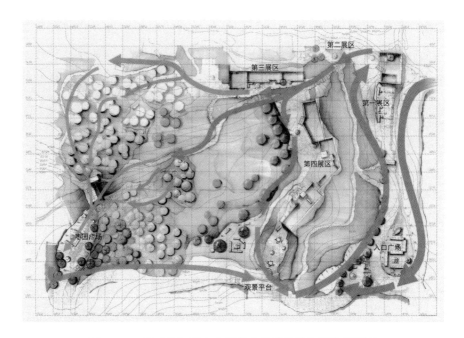

图 6 – 16　碾畔黄河原生态民俗文化博物馆规划总平面图

图片来源：作者绘制。

图 6 – 17　碾畔黄河原生态民俗文化博物馆枣园广场效果图

图片来源：郭贝贝绘制。

图 6 - 18　碾畔黄河原生态民俗文化博物馆入口广场效果图

图片来源：郭贝贝绘制。

图 6 - 19　碾畔黄河原生态民俗文化博物馆第二展区展示效果图

图片来源：作者绘制。

　　陕西关中西部地区拥有历史悠久的农耕文化、灿烂辉煌的传统文化和异彩纷呈的民俗文化，这些文化之间的长期相互影响与有序传承孕育出这一地区地域特色鲜明的传统民居。它们是这里的先民们赖以生存、繁衍生息的重要场所，也是这些文化的缩影和综合载体，更是

图 6 – 20 碾畔黄河原生态民俗文化博物馆第三展区展示效果图

图片来源：作者绘制。

图 6 – 21 碾畔黄河原生态民俗文化博物馆第一展区展示效果图

图片来源：作者绘制。

一座座镶嵌于西秦大地的天然博物馆。通过对这些传统民居院落的有
序组织并结合当代博物馆的全新设计理念，运用新的技术、新的材料
和新的工艺以乡村博物馆的模式进行保护性再造，能够重新激活这里
的先民们留给我们的宝贵建筑遗产，并以全新的形式来展示乡土文化，
寄托乡土情感，传承农耕文明。同时，它也将作为陕西关中西部地区
乡村物质文化遗产和非物质文化遗产的集中聚集地，凝聚乡村的文化
精华，不仅能够使乡村旅游由表及里，触及乡村文化的根脉，而且还
能够成为将这一地区乡村文化输送至城市的桥梁和城市文化传输至乡
村的纽带，实践乡村文化与城市文化的"互哺"机制，更能够为新时
期的乡村振兴和实现全面小康、构建和谐社会营造良好的文化氛围，
增强人民的文化自信。

三 名家工作坊

"工作坊"这一名词起源于德国的包豪斯艺术学院，最早出现于
教育与心理学的研究领域之中，是现代建筑设计的先驱格罗皮乌斯倡
导"技术与艺术并重"的一种实践教学形式。自 20 世纪 60 年代开始
由美国的现代景观设计第二代代表人物劳伦斯·哈普林将"工作坊"
的概念引用到都市计划中，成为能够提供给不同立场、族群的人们思
考、探讨、相互交流的一种方式，甚至是在争论都市计划或社区环境
讨论时一种鼓励参与、创新，以及找出解决对策的手法。工作坊是国
际上非常流行的一种传授与学习的教学方式，学习的过程也犹如工厂
的学徒制，通常以一名在某个领域具有极其丰富经验的主讲人为核心
和数名学徒组成的小团体，通过讨论、讲解、示范等多种方式，共同
研究和探讨某个主题，它也是当今广大创客组织和进行线下活动的常
见模式。

传统民居作为一个地区重要的物质文化遗产，并非仅是孤立的存
在，它的背后往往都伴随有异彩纷呈的民俗文化与形态多样的民间艺
术。然而随着传统民居被逐渐的废弃走向消亡，其中有大量的文化和
民间艺术也在渐渐地陨落，正在缓慢地退出历史的舞台。曾经伴随于
人们日常生活中的各类文化、艺术与技艺也被一批又一批的列为国家

级或省级非物质文化保护遗产，许多技艺的传承已经出现了断层，濒临失传。然而，这些文化、艺术与技艺都具有极强的地域性，往往都是这个地区的自然环境和人文环境共同作用产生的结果，是在人与自然协调生产的方式下产生的，它们之间相互依托、相辅相成。这些文化、艺术与技艺的存在对于自然环境能够起到某种维护的作用，而它们脱离了区域的自然环境也会慢慢枯萎逐步灭亡。日本的作家盐野米松先生在他的著作《留住手艺》中曾记录过一位编织的手工艺人的故事。编织的技艺源于他所生活村庄的良好森林植被，也正是这种自然的存在与优势，使编织这一手工技艺辈辈传承，并不断趋于精良。每年春季，村民们都在自己所划定的范围内采集树木枝条，采集中村民们兼顾枝条的新老，绝不会出现滥采的现象，而这本身对于树木也起到了一定的修剪，利于其茁壮生长。他们在这样的生活方式中不仅仅形成了一种自然的秩序，人与人，人与自然之间也衍生出了一种相互尊重和彼此依赖的和谐文化。

近十年来，随着我国文化自信与民族复兴的不断推进，保护民族文化、民俗文化、民间文化已经成为百姓生活中的一种实际感受，为传统文化寻求与现代社会相对接的契机也成为众多人们的心愿。一个又一个以剪纸、布艺、泥塑、社火、民间音乐等代表性传承人为核心的专业合作社与传习所的建立，正式为保护和传承这些文化与手艺所尝试的新的路径的手段。但是，这些合作社与传习所的建立大多都远离了这些文化生长的土壤而且其中的内容与形式老旧、单一，未能实现同当代社会的与时俱进和推陈出新。这些文化与手艺生于乡村，产于民居，散落在田野乡间的传统民居和乡村环境以及这些传承人所经历的人生风雨才是它们真正能够生存的丰厚土壤与灵魂所在。将传统民居以名家工作坊的模式进行保护性再造，可以为这些文化和手艺还原其本来的生长环境，并通过以各个领域的传承人为核心由多民学徒共同构建的工作坊来进行对于该领域更好地交流、研究、探讨和创新，实现对这些濒临失传的文化与手艺的保护传承和与时俱进，并通过更多以"传统的再造"所形成的文创产品，来丰富乡村的产业结构，振兴乡村的经济发展。同时，通过对以传统民居为基点的名家工作坊的保护性创新设计来提升和优化传统民居的居住与使用环境，还原传统民居的活态真实场景，实现对传统民居的保护和地域传统建筑文脉的传承。

延安是中国红色政权的发源地，更是我国黄河文明的摇篮。这片苍茫浑厚、沟壑纵横的黄土高原在数以千年生生不息的滋养下，孕育出历史悠久的农耕文化、多姿多彩的地域文化、形态多样的民俗文化和独具一格的居住文化。这里的人们由于这一地区独特的地理和人文环境，在城镇化快速推进和"水泥森林"飞速崛起的今天仍然有一大部分人保留着窑洞民居的居住和生活习惯，这是长期以来人们与大自然相互融合的智慧结晶，既反映了这里的人们顺应自然、利用自然的生活哲学，也映射了祖祖辈辈的黄土人民对于黄河文明的独特情感。宝塔山作为延安的城市名片和面向世界的窗口，由于近十年来当地居民在山体上的无限制加盖，山体的生态和建筑环境遭到了严重的破坏，原本依山势而建，因地制宜的窑洞传统民居被大量砖混平房所吞噬，使得曾经与山势融为一体整体形象遭到了严重损毁，也失去了以往的和谐质朴。在响应习近平总书记提出的"绿水青山就是金山银山"的绿色发展和"大力扶持革命老区发展"的精神纲领下，2016 年由本项目组成员设计完成了《延安宝塔山城市风貌保护设计》（图 6 – 22）。设计中在尊重原始风貌的基础上增设了景观节点、完善了视觉导视、植入了公共艺术、丰富了照明系统，特别是对现有的 10 余个传统民居院落和近百孔窑洞民居（图 6 – 23）、（图 6 – 24）通过建立有机的拱形混凝土框架与拱面软性防水材料处理等新技术、新材料、新工艺的运用进行了整体性、原真性的保护与修缮（图 6 – 25）、（图 6 – 26），并充分结合了相关的产业对各个空间的功能和动线进行了科学地规划与梳理（图 6 – 27）、（图 6 – 28）。其中选取了部分的窑洞民居，通过聘请安塞剪纸、陕北道情、黄陵面花、陕北说书、延川布堆画等非物质文化遗产传承人来共建名家工作坊的形式呈现于整体设计之中，使本就属于民居居住文化重要组成部分的这些民俗与技艺的创作继续回归它们的原生环境（图 6 – 29）、（图 6 – 30），并为这些国家级非物质文化遗产的保护、传承、创新搭建更好、更高的创作平台（图 6 – 31），同时

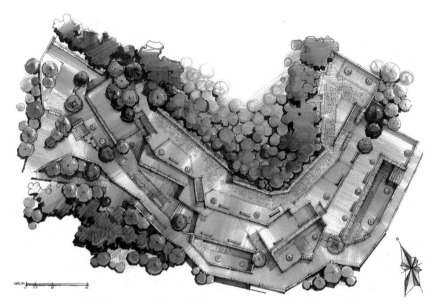

图 6 – 22　延安宝塔山城市风貌保护规划设计总平面图

图片来源：郭贝贝绘制。

图 6 – 23　延安宝塔山城市风貌保护规划设计立面图 1

图片来源：郭贝贝绘制。

图 6 – 24　延安宝塔山城市风貌保护规划设计立面图 2

图片来源：郭贝贝绘制。

图 6 – 25　延安宝塔山城市风貌保护规划设计效果图 1

图片来源：郭贝贝绘制。

图 6 – 26　延安宝塔山城市风貌保护规划设计效果图 2

图片来源：郭贝贝绘制。

图 6 – 27 延安宝塔山城市风貌保护规划设计效果图 3

图片来源：郭贝贝绘制。

图 6 – 28 延安宝塔山城市风貌保护规划设计效果图 4

图片来源：郭贝贝绘制。

图6-29 延安宝塔山城市风貌
保护规划设计完工照片1

图片来源：作者摄于延安市宝塔山。

图6-30 延安宝塔山城市风貌
保护规划设计完工照片2

图片来源：作者摄于延安市宝塔山。

图6-31 延安宝塔山城市风貌保护规划设计完工照片3

图片来源：作者摄于延安市宝塔山。

实现传统民居的"活化"保护，也为传统民居的保护和传承寻求新的模式与路径。此项目的整体设计已于2018年完成落地实施，并且得到了地方政府和业内专家的较高评价，项目的设计方案还获得了以"更新、复兴、创新"为主题的"为中国而设计"第七届全国环境艺术设计大展的"入会资格作品"和由文化和旅游部、中国文学艺术界联合会、中国美术家协会共同主办的第十三届全国美术作品展览"进京作品"。

陕西关中西部地区长期以来都是我国传统文化保护和发展较好的地区之一，这里久远的人类农业生产历史不仅形成了地域特色鲜明，建造理念淳朴，营建技艺考究的传统民居，而且聪颖勤劳的先民们还伴随着生产生活创造出了形态多样的民间手工艺品，形成了丰富多彩的民俗民间文化和种类繁多的传统民间技艺。凤翔泥塑、陇州社火、木版年画、西秦刺绣、千阳布艺等品种多样且闻名全国的民间工艺美术作品也赋予了这一地区"民间工艺美术之乡"的美誉。这些民间工艺美术始终伴随着这一地区的农耕与居住产生和发展，出自民居又服务于民居，时至今日依然流传有序。邰立平、李继友、胡新民、杨林转、徐有姐等民间工艺美术大师和非物质文化遗产传承人数不胜数。在陕西关中西部地区传统民居的保护性再造中同样可以采用与这些大师和传承人共建名家工作坊的模式来进行传统的再造，以地域特色鲜明的传统民居作为基点，将文化自信与乡村振兴的战略背景作为契机，依托现有的乡村旅游和乡村产业，通过运用新的技术和材料对具有代表性的传统民居进行适度修复，保留其地域特色鲜明的建筑风格，提升和优化其自身的居住与使用环境，为这些本就出自民居又服务于民居的民间工艺美术重塑其原生环境，也为它们提供更为真实和理想的展示环境。同时通过工作坊的模式实现对于这些民间工艺更为有效的保护与传承，从而进一步在现有的基础之上不断推陈出新、与时俱进，成为新时期、新文化、新美学背景下的新宠儿，并在这一地区传统民居的保护中能够使两者相互支持、相得益彰，为陕西关中西部地区传统民居的保护性再造开辟新的模式，使这一地区物质文化遗产和非物质文化遗产的保护与传承并驾齐驱、比翼双飞。

四　民俗主题酒店

1958 年的圣诞节前夜，在美国旧金山和洛杉矶之间的加利福尼亚州圣路易斯奥比坡，一家名为麦当娜酒店的开业，开启了世界酒店中的一种全新模式。这家旅馆由美国建筑业巨头亚历克斯创建，酒店的建筑主体使用了大量纯天然的木料和石材效仿了瑞士阿尔卑斯山的外观建造，酒店的内部划分了 12 间风格迥异的主题客房，并大量运用了以石、木为材料的艺术品作为主要陈设。麦当娜酒店的开业很快就成为加州中央海岸的一个里程碑，全世界也因此刮起了主题酒店之风，特别是在美国拉斯维加斯，占据了全球最大主题酒店的 90%，被誉为"主题酒店之都"。圣路易斯奥比坡的麦当娜酒店也被世界酒店行业公认为全球的首家主题酒店。

2001 年在我国广东深圳开业的威尼斯皇冠假日酒店是我国真正意义的第一座主题酒店，也正是从此时开始，我国的主题酒店进入了快速发展时期。2006 年 12 月召开的国际主题酒店研究会的成立大会通过了《主题酒店开发、运营与服务标准》，其中对我国的主题酒店做出初步定义："主题酒店是以酒店自身所把握的文化中最具有代表性的素材为核心，形成独具特色型设计、建造、装饰、生产和提供服务的酒店"，并指出了"主题酒店的文化性不仅体现在文化符号、文化表现、文化形式上，更重要的要体现在文化内涵和文化实质上"[1]。会议的召开规范了我国主题酒店的设计和建造，也为其指出了明确的方向。从中不难看出主题酒店就是要将特色文化融入酒店的设计和建造过程之中，为消费者营造视觉、味觉、触觉等各方面的氛围，使酒店成为特色文化的载体，形成集独特性、文化性、体验性为一体的酒店空间环境。

主题酒店以文化为主题、酒店为载体、客人的体验为本质，其中文化性体现了酒店对于内涵的追求，酒店也正是通过主题文化来获得竞争优势。中国国际主题酒店研究会副会长四川大学的李原教授认为

---

① 周旋：《民俗视野下的主题酒店研究》，硕士学位论文，南京师范大学，2015 年，第 11 页。

"主题酒店主题的选择应当以酒店所在地最有影响力的地域特征、文化特征为素材"①。我国的各个地区由于自然环境、历史条件、观念体系、思维方式、习俗信仰的不同，均有着自己独具特色的文化，早在《汉书·王吉传》一书中就有"百里不同风，千里不同俗"的记载。这些文化呈现出了多姿多彩的魅力，也正是这些文化成为各个不同地区身份的重要标志。其中，民俗文化就是各个不同地区文化的重要类型。它是人们生活、习惯、情感和信仰的集中体现；是一个地区人们历代相习，为大众所创造、享用、传承的生活文化；也是社会的意识形态之一；更是一种历史悠久的文化遗产。由物质民俗、社会民俗、精神民俗、语言民俗四种类型组成，并始终伴随于人们的生产生活之中。

自党的十八大以来，习近平总书记曾在多个场合提到了文化自信，并多次在重大场合引经据典，展示了中国传统文化的博大精深，掀起了中国文化热。与此同时传统村落与特色古镇旅游的迅猛发展使得一大批民俗酒店如雨后春笋一般不断涌现。虽然由于增速过快显得良莠不齐，但是从中不难看出对于中华传统文化的文化认同感正在日益增强。山东威海的石岛山居精品文化酒店、浙江桐庐的云夕戴家山乡土艺术酒店、江西庐山的望庐庐山归宗寺酒店、陕西咸阳的左右客酒店精品酒店都是我国民俗主题酒店的经典之作。民俗主题酒店是通过对建筑外观富有地域特色的设计或是在原有地域建筑基础上进行再造，提供充满地域文化韵味的特色服务，并进一步成为文化展示的场所。同博物馆、展览馆等专业的文化展示场所相比，在以民俗文化为主题的酒店中，这些文化更加接近生活，具有较强的可读性，也正因如此它们更容易被人们在体验与品味中接受。同时，民俗主题酒店能够把一个地区的地域民俗文化进行总结与升华，并以与广大群众更具亲和力的生活形式进行展现。从某种意义上来讲，民俗主题酒店成为"会讲故事的建筑"，在为游客提供服务的同时，活态化地展示了富有历史积淀的地域民俗文化。它不仅开拓了新的旅游方式，也对传统文化

---

① 周旋：《民俗视野下的主题酒店研究》，硕士学位论文，南京师范大学，2015 年，第 11 页。

的保护、弘扬与传承起到了举足轻重的作用。正如习近平总书记2020年5月11日在云冈石窟考察时所指出的："让旅游成为人们感悟中华文化、增强文化自信的过程。"

《观和——袁家村精品民俗主题酒店》是一座借助关中合院建筑的地域性与精神性，在空间中融入传统装饰元素进行整合式设计的民俗主题酒店，致力于关中民居和民间艺术技艺的保护与传承，由本项目研究人员于2019年设计完成。它坐落于我国第二批传统村落陕西省礼泉县袁家村东侧，是一座典型的关中合院建筑，由两个两进院落并排相连组合而成（图6-32）。设计中鉴于院落的特殊构造，将两座院落合而为一整体规划（图6-33），保留了建筑原本的砖木结构生态性（图6-34），完善了必要的功能性设施（图6-35），融入了关中地区的剪纸、年画、面艺、刺绣、编制等种类丰富、形态各异的地域民间艺术，设有大堂（图6-36）、餐厅（图6-37）、书吧（图6-38）、会议室（图6-39）以及风格各异的主题民俗艺术客房（图6-40）、（图6-41）、（图6-42）、（图6-43）等功能空间来满

图6-32　观和袁家村民俗主题酒店院落鸟瞰效果图

图片来源：郭贝贝绘制。

图 6 - 33　观和袁家村民俗主题酒店院落外立面效果图

图片来源：郭贝贝绘制。

图 6 - 34　观和袁家村民俗主题酒店二进院院落效果图

图片来源：郭贝贝绘制。

图 6 – 35　观和袁家村民俗主题酒店跨院院落效果图

图片来源：郭贝贝绘制。

图 6 – 36　观和袁家村民俗主题酒店前厅效果图

图片来源：郭贝贝绘制。

图6－37 观和袁家村民俗主题酒店餐厅效果图

图片来源：郭贝贝绘制。

图6－38 观和袁家村民俗主题酒店书吧效果图

图片来源：郭贝贝绘制。

图 6 - 39　观和袁家村民俗主题酒店会议室效果图

图片来源：郭贝贝绘制。

图 6 - 40　观和袁家村民俗主题酒店编织主题客房效果图

图片来源：郭贝贝绘制。

图 6 – 41 观和袁家村民俗主题酒店刺绣主题客房效果图

图片来源：郭贝贝绘制。

图 6 – 42 观和袁家村民俗主题酒店剪纸主题客房效果图

图片来源：郭贝贝绘制。

图 6 –43 观和袁家村民俗主题酒店年画主题客房效果图

图片来源：郭贝贝绘制。

足酒店展览、休闲、娱乐、会议、住宿等功能需求。在酒店的硬装与陈设中，充分将融合的民间艺术经过图形的艺术处理，转化为床品、桌布、杯垫等文创产品，在为酒店的各个空间增添新奇感官享受的同时作为这些文创产品的展示空间给这一地区的民间艺术走出关中开辟新的窗口。"小隐隐于野，中隐隐于市，大隐隐于朝"，在设计中虽然力求通过关中传统文化打造出符合关中文人的生活方式，并融入繁华都市之中，使游客在居住于体验中能够在心灵深处修篱种菊，独善其身，找到一份宁静与淡定，但更多的是希望将传统文化、地域文化、民俗文化与现代生活相结合，并让它们得到良性地保护与传承，实现民间技艺传承者的初心，履行本土设计师的使命。

陕西关中西部地区旅游资源丰厚，其行政中心的所在地宝鸡市早在2000年就被授予"中国优秀旅游城市"的荣誉称号。同时这一地区作为我国周秦文明的发祥地和民间工艺美术之乡、社火之乡还具有极为深厚的传统文化与灿烂多姿的民俗文化以及大量散落于田野乡间地域特色鲜明的传统民居院落。但是，到目前为止作为整个陕西省民俗与民间文化最为丰富的地区，还未有一家以地域民俗文化为主题的酒店营业。这些都为这一地区民俗主题酒店的建造提供了基础的保障与有利的条件。陕西关中西部地区传统民居的保护性再造可以在这一地区众多的传统民居遗存中遴选出交通条件便利、规模体量适中、院落建筑完整的传统民居聚落融合这一地区绚丽多彩的民间工艺美术，采用民俗主题酒店的方式对其进行保护性创新设计，以石岛山居精品文化酒店、云夕戴家山乡土艺术酒店或观和袁家村精品民俗主题酒店等类似的形式呈现，通过传统与现代的巧妙融合，使游客在旅游中以潜移默化的形式直观地领略和体验这一地区的民俗与民间文化，也为这些祖祖辈辈流传下来的宝贵文化创造出一个更好的创新与展示的平台，从而使它们在现有的基础之上紧跟时代步伐，与时俱进并进一步发扬光大，也使陕西关中西部地区早已被多数人废弃与遗忘的传统民居焕发出新的生机，为这一地区传统民居的保护与地域建筑文脉的传承给予更为丰富的模式参考。

五　特色民宿

民宿，最早起源于日本，是指利用自用住宅空闲房间，主人参与接待，结合当地人文、自然景观、生态、环境资源及农林渔牧生产活动，为外出郊游或远行的旅客提供体验当地自然、文化与生产生活方式的小型住宿设施。[①] 早期的民宿经营，大都以家庭副业的方式来进行。然而，随着民宿的渐热与民宿所带来的诱人商机，原本被定义成家庭副业的经营模式，逐渐转换为家庭主业的经营模式，甚至有艺术家、房产投资客、酒店投资公司等频频加入。民宿行业因个人和资本争先恐后地进入，竞争愈发激烈，其自身的品质、服务、影响力渐渐显现，也正因如此，逐步促成了民宿向精致化、豪华化、高价化以及高服务化方向的演进。

民宿按其属性可以分为农园民宿、海滨民宿、温泉民宿、运动民宿和传统建筑民宿五中类型。它们远离城市的喧嚣均以各自不同

---

① 参见张旭红《民宿酒店的发展方向探索》，《中国商论》2021 年第 2 期。

的特点让使用者更为亲密地亲近自然、体验异地风情、感受如家一般的自在服务、体验着不同的生活方式。近年来，我国社会和经济的快速发展使国民经济实力稳步攀升，人们的生活水平大幅提高，用于享受的消费占总消费支出的比重越来越大，其中，用于外出旅游的享受消费比重最高。这使得我国各种类型的民宿犹如雨后春笋般不断涌现，而大量镶嵌在我中华大地且形态各异的传统民居便成为我国特色民宿最好的载体，传统建筑民宿也自然成为我国最为常见和数量最多的民宿类型，它们也逐渐成为各个地区乡愁与乡土结合的典范之作。江苏南京的花迹酒店、陕西蓝田的井宇、浙江德清的西坡、云南大理的拾光、北京的原著·悦宿、安徽呈坎的澍德堂等都是在各个地区不同形态的传统民居基础上通过将传统进行再造所完成的特色民宿。它们或隐匿于山野乡间，或藏匿于幽深巷道，不仅满足了现代人外出旅行对住宿环境的需求，而且以极为放松的方式给予长期生活于快节奏、高压力环境中的人们心灵的宁静，同时使人们以最为直观和亲切的方式感受到我国丰富多彩、形态各异的地域文化，身临其境地领略北方合院民居的大气凛然与秩序严谨，南方合院民居的小巧别致与四水归堂。

陕西关中西部地区的田野乡间散落有大量地域特色鲜明的传统民居。它们均是这一地区特色民宿的创作基点，在对它们的保护性再造中，可以通过特色民宿的模式结合它们所处的环境、区位、交通、乡村产业等客观条件进行传统的再造，提升它们居住环境和使用条件，以独特、新颖、别致的设计让更多的人感受这一地区传统民居的建筑美、材料美、工艺美与文化美，同时优化和重组乡村的产业结构，助力乡村经济的振兴，实现对这一地区传统民居的"活化"保护。

2016年国家艺术基金人才培养资助项目——关中传统民居聚落保护性创新规划设计研究，专门对陕西关中地区的传统民居聚落进行了实地考察与现场实训，并以保护性、前瞻性、创新性、实践性、艺术性为一体的视角对这些聚落展开保护性创新规划设计。"宅七"是由陕西迈克斯设计工程有限公司设计总监党正等学员设计完成的结项成果之一。它以陕西关中东部地区渭南市大荔县城关镇长安屯村的传统民居院落为基点，以保护、创新、共生为设计理念，以特色民宿为再造模式，通过全新的设计语言，将地域特色鲜明的关中东部地区传统民居赋予了其新的生命活力（图6-44）、（图6-45）。

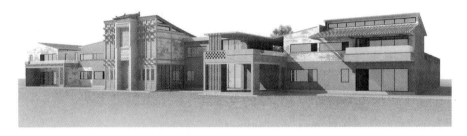

图6-44　宅七院落建筑效果图

图片来源：党正绘制。

图6-45　宅七院落夜景鸟瞰效果图

图片来源：党正绘制。

"宅七"在设计初始阶段的实地调研中遇到了和陕西关中西部地区传统民居同样的问题与现状。首先，居住者身份的转变，劳动生产力的转移，导致乡村的空心化严重，孤寡老人与留守儿童居多，且经济物质生活条件较差，无力改善居住环境，而且城市化进程中的人口迁徙和新农村建设，加剧了乡村社会经济的发展变迁，传统的民风、民俗逐渐衰败，宗亲血缘的关系也渐渐淡化，传统民居中的生活印迹丢失严重。其次，原始的建筑材料经过了时间洗礼，老化、风化严重，土坯砖、夯土墙的配比单一，建筑低矮，通风采光不良，基础设施的

薄弱，使多数传统民居已落成危房，局部为荒废房屋，影响村落整体
形象。再次，室内功能无法满足现代生活需求，原先 3.3 米建筑模数
的开间无法满足现代新生活的空间尺度需求，且功能区域组织无序，
缺少连接，空间的功能性难以实现。最后，人员的流失和新型材料的
大量使用使传统民居原有的乡土建筑体系和传统手工工匠的传承出现
了断层，村民没有重视相应的知识体系去支撑和发扬这一地区传统民
居的建筑文脉。"宅七"也正是基于以上四点的思考，而进行的对于
陕西关中东部地区传统民居的一次保护性创新设计实践（图 6 -46）、
（图 6 -47）。

图 6 -46　宅七院落南立面效果图

图片来源：党正绘制。

图 6 -47　宅七院落北立面效果图

图片来源：党正绘制。

　　"宅七"是将七个连接在一起的宅基地采用横向连院式的空间布
局（图 6 -48），延续关中传统院落形式，连通每户的院落公共空间
（图 6 -49），使之形成一个综合性较为完整的庭院（图 6 -50），以更
加完备的功能体系来服务由陕西关中东部地区传统民居再造而建成的

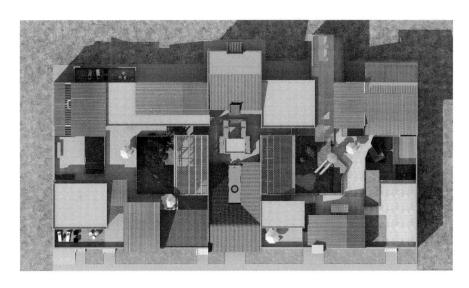

图 6 - 48   宅七建筑平面效果图

图片来源：党正绘制。

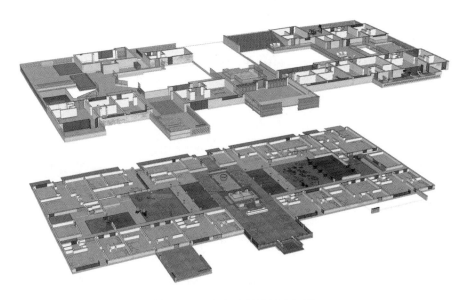

图 6 - 49   宅七院落轴侧分析图

图片来源：党正绘制。

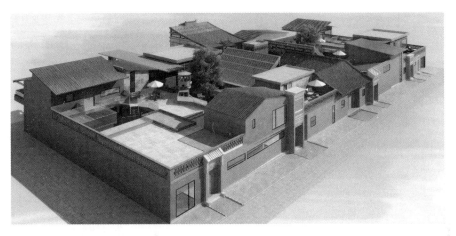

图 6－50　宅七院落鸟瞰效果图

图片来源：党正绘制。

特色民宿，同时又能保证每户固有生活空间的相对独立与私密性。设计中为了保持与当代生活方式的一致性，运用新的技术手段更新了传统民居建筑的基础设施（图 6－51）、（图 6－52），并延续了传统民居生活场景的文脉与记忆，"木构架""硬山顶""半边盖""垂花门""土灶台"等地域性极强的符号，大量点缀于传统民居的再造

图 6－51　宅七客房效果图

图片来源：党正绘制。

之中（图6-53）。同时为了增强民宿的艺术效果，在大堂与茶水吧的设计中撤掉了边户厦房顶部的瓦片，保留原有的抬梁式木构架结构（图6-54），但厦房结构依然清晰，风韵犹存，内部空间半隐半透，一虚一实之间与院落的水面交相辉映，使整座院落增添了无数的新趣（图6-55）。

图6-52　宅七客房卫生间效果图

图片来源：党正绘制。

　　"宅七"对于传统民居所进行的保护性再造，是传承与创新的结合，是运用设计改变生活的尝试，是对传统建筑形式更新的探索，是解决宗亲邻里关系的空间变化的突破。也正因如此，"宅七"斩获了陕西省第十届室内设计大赛的金奖作品，更得到了陕西众多传统民居保护专家的认可。

　　陕西关中西部地区拥有大量与"宅七"再造之初极为类似的传统民居院落，虽然在院落结构、建筑形态、空间布局等方面存有差异，但是同属陕西关中地区的它们具有诸多共性的客观条件，特别是陕西关中西部地区所富有的更加深厚的文化底蕴和更为多样的民俗文化与民间美术，都是将这一地区的传统民居以特色民宿的模式进行保护性

图 6 – 53　宅七入户大厅效果图

图片来源：党正绘制。

图 6 – 54　宅七茶吧效果图

图片来源：党正绘制。

再造的有力佐证。因此，以陕西关中西部地区乡村的产业结构为依托，以家庭副业经营为单位，以科学的统一管理为手段，利用闲置的传统民居进行统一规划和保护性再造完成的特色民宿可以产生休闲度假旅游的商业运营价值，增进和改善现有居民的生活条件，弘扬和传承这一地区的传统文化，形成可持续造血的生态循环系统，是陕西关中西部地区传统民居值得借鉴和推广的保护性再造模式。

图 6-55　宅七大堂效果图

图片来源：党正绘制。

六　乡村书店

自 21 世纪初期开始，移动互联网技术在全球遍地开花，线下的实体经济受到了严峻考验，传统经营模式下的实体书店也被同样的问题所困扰，大多生意惨淡，濒临倒闭。直至近几年来，随着我国倡导构建书香社会，提倡全面阅读的兴起，特别是自 2012 年起连续 7 年出台了对于实体书店的扶持政策和 2019 年将"全民阅读"上升为国家战略，才使得线下的实体书店迎来了又一次的春天，从中也不难看出实体书店在提升全民素质、传承文明和实现文化复兴中的战略地位。

乡村书店是指建立于乡村之间，具有一定的体量与类型范围，能够为村民和游客提供免费的阅读书籍和空间的文化设施。它与城市书店相对，扎根于乡村又反作用于乡村，体现了与一方乡土同呼吸、共命运的生命特质。① 它与传统书院和农家书屋相比有着本质的区别，并非只是简单的针对当地村民的教育与文化需求而提供的公益性服务，其中更多地还涉及了城市客体和商业的运作。乡村书店就像是城市与乡村之间互动的一颗种子，将"脚跟"站立在了乡村，而"目光"却投向在城市。

2011 年清华大学李晓东教授在北京市怀柔区交界河村所建造的篱苑书屋被业内广泛认知为乡村书店的雏形。篱苑书屋所处的交界河村是一个背山面水、风景如画的北方村落，2010 年李晓东教授被京郊这一静谧的山村和好友的温馨小院所吸引，以乡土风貌的保护和创新乡旅的体验为出发点，筹集资金，在村庄中建造了这座远离都市喧嚣、体味乡间野趣的书屋。书屋的设计主要运用了当地漫山遍野、随处可见的洋槐、桑木柴禾秆，同屋外的栈道、篱笆、卵石焕然一体，也使整座书屋巧妙地融入了周围的自然环境（图 6 – 56）。正如李晓东教授本人对篱苑书屋的阐释："完成这一设计实践了我的自然可持续和社会可持续理念，让建筑消隐在与自然的对话中。"书屋建成后，来往的人群络绎不绝，不仅成了村民和游客阅读、交流的空间，也成了村落里新的旅游景点，成为许多周边城市人群假日驱车前往的文化净土。

2014 年底，由黄山市黟县碧山村一间老祠堂改造而成的碧山书局（图 6 – 57）、（图 6 – 58）的开放，标志着我国内地第一家真正意义的民营乡村书店开始营业，也喻示着"先锋书店"开启了面向乡村的转型探索。它以促进乡村阅读和平民教育为使命，尝试以人文活力重塑乡村生态的可能性。而后自 2015 年开始在我国乡村旅游市场的推动下，新华书店也开启了针对乡村书店的精细化选址与运作，先后通过自建和联办建立了凤凰海南书坊、绿野书舍、和风云上乡愁书院、兰

① 参见邢若新《人文介入乡村：创新型"乡村书店"服务乡村文化复兴与全面振兴》，《人文天下》2011 年第 9 期。

图 6 – 56　篱苑书屋外景

图片来源：郝雨摄于北京市交界河村。

图 6 – 57　碧山书局入口

图片来源：汪玲摄于黟县碧山村。

台书吧等多家乡村书店，也正是从这时开始，主动避开城市的喧嚣与光华，深入到中国的传统乡野大地建造书店成为一种新的时尚和潮流，同时也是寻找在书店中学习的另一种可能，可能是一种温暖，一种乡愁，或是一种亘古不变的文化基因（图6-59）、（图6-60）。

图6-58 碧山书局大厅

图片来源：汪玲摄于黟县碧山村。

乡村书店，对于乡村而言，是一面全新的文化旗帜，招徕远方的游客也呼唤着游子归乡。① 而这些书店的建造对于所依附的传统建筑的再造更是对它们进行的"活化"保护，能够带动乡村空间的优化和改造。村落中的老旧祠堂、传统院落、猪牛羊圈等乡村建筑，都能在设计师的精心设计下，摇身一变成为优雅的"绅士空间"（图6-61）、（图6-62），使之符合现代人的生活方式与审美情趣，促进对于濒危的传统民居和传统村落的保护（图6-63）。同时，书店对外开办还能够

① 参见邢若新《人文介入乡村：创新型"乡村书店"服务乡村文化复兴与全面振兴》，《人文天下》2011年第9期。

图 6 - 59   碧山书局顶部"四水归堂"

图片来源：汪玲摄于黟县碧山村。

图 6 - 60   碧山书局顶部原始结构

图片来源：汪玲摄于黟县碧山村。

图 6 - 61　碧山书局二楼大厅

图片来源：汪玲摄于黟县碧山村。

图 6 - 62　碧山书局局部立面

图片来源：汪玲摄于黟县碧山村。

图 6-63 碧山书局内部立面

图片来源：汪玲摄于黟县碧山村。

优化乡村的产业结构，结合所在乡村的产业优势，助力乡村经济的发展。黟县碧山书局开办之后，有不计其数的人前往这个独特的乡村"网红"地打卡。游客的大量涌入直接带动了民宿和旅游商品的发展。据统计，2014 年碧山村仅有两家民宿营业，而到了 2018 年，村中民宿的数量已增至 33 家。① 而且在书店基本功能的基础上，充分利用当地的自然资源和人文资源，开发制作极具地域特色的明信片、笔记本、布艺制品等文创产品，来丰富碧山读者们的旅游体现与文化获得。文化产业的落地，使得乡村的文化资本转化成旅游经济资本成为可能，同时也促进了乡村经济结构的转型，催生了新的商机和就业机会，村民收入显著提高，大量外出务工的村民开始返乡，村落的"空心化"

① 参见邢若新《人文介入乡村：创新型"乡村书店"服务乡村文化复兴与全面振兴》，《人文天下》2011 年第 9 期。

现象得以缓解，传统的村落也又恢复了它本来的生机。目前，除了碧山书局之外，全国已有大量的乡村书店扎根于乡村且态势喜人，浙江桐庐的言几又乡村胶囊书店（图 6–64）、（图 6–65）、（图 6–66）、（图 6–67）、先锋云夕图书馆（图 6–68）、（图 6–69）、（图 6–70）、（图 6–71）、云夕深奥里书局（图 6–72）、（图 6–73）、（图 6–74）和浙江松阳的陈家铺平民书局（图 6–75）、（图 6–76）、（图 6–77）、福建屏南的厦地水田书店、陕西汉中的留坝书房等，这些不仅是近些年来我国乡村书店经典范例，同时也是各个地区利用传统民居进行保护性再造的点睛之笔。乡村书店作为传统民居保护性再造模式的出现，"活态化"保护了传统民居，有效助力了乡村经济的振兴，并且实现了将各个地区形态迥异的传统文化和地域文化多元、有序地传承。

图 6–64　言几又胶囊旅社书店东立面夜景

图片来源：西涛设计工作室　苏圣亮拍摄。

图6-65 言几又胶囊旅社书店北侧入口

图片来源：西涛设计工作室苏圣亮拍摄。

图6-66 言几又胶囊旅社书店北立面

图片来源：西涛设计工作室 苏圣亮拍摄。

图6-67 言几又胶囊旅社书店南立面局部

图片来源：西涛设计工作室 苏圣亮拍摄。

图 6 – 68 先锋云夕图书馆全景俯瞰

图片来源：姚力摄于桐庐县戴家山村。

图 6 – 69 先锋云夕图书馆街景透视

图片来源：姚力摄于桐庐县戴家山村。

图 6 – 70　先锋云夕图书馆内景

图片来源：姚力摄于桐庐县戴家山村。

图 6 – 71　先锋云夕图书馆室内平台

图片来源：姚力摄于桐庐县戴家山村。

图 6 – 72　云夕深奥里书局全景俯瞰

图片来源：姚力摄于桐庐县戴家山村。

图 6 – 73　云夕深奥里书局外立面

图片来源：姚力摄于桐庐县戴家山村。

图 6 - 74 云夕深奥里书局内景

图片来源：姚力摄于桐庐县戴家山村。

图 6 - 75 陈家铺平民书局建筑外部

图片来源：侯博文摄于松阳县陈家铺村。

图 6 – 76   陈家铺平民书局外立面

图片来源：侯博文摄于松阳县陈家铺村。

图 6-77   陈家铺平民书局内部空间

图片来源：侯博文摄于松阳县陈家铺村。

  乡村书店是城市与乡村双方优势资源的有效结合。陕西关中西部
地区有大量的传统民居遗存于乡村。它们地域特色鲜明的建筑形态，
因地制宜的建筑材料，天人合一的营建理念，雕刻精美的建筑装饰，
以及所在乡村中优质的自然和地理资源与这一地区厚重久远的历史文
化都是孕育以乡村书店为保护性再造模式的温润土壤，而这一地区城
市中的资本、人才、技术和管理经验以及便利的交通则是促使其生长
和发育的重要养料。陕西关中西部地区的传统民居通过乡村书店的模
式进行保护性再造，能够凭借自身的艺术与文化价值以及对其独特的

设计与新鲜的观感，成为这一地区独具魅力的文化地标和地方文化创意产业的一个焦点，能够具备吸引各种人群前来阅读、旅游、消费的潜力和实力，让人得以体验融合了古朴传统民居与文化氛围所塑造出的田园牧歌式的生活景象，寻觅中华民族最幽微的乡愁，感受乡村书店所赋予的比看书更为重要的看屋、看村、看文化，并且通过旅游的凝视效应引发人群的"围观"，为这一地区的旅游产业链注入鲜活的购买力。同时结合陕西关中西部地区丰厚的民俗文化与多样的民间美术形态所具有的优势，将这一地区的文化资本转化为旅游经济资本，让乡村书店成为城乡资源交换、共享的纽带与桥梁，促进城乡之间的交流与互动，以此来丰富乡村振兴的路径，助力乡村经济的振兴。此外，将陕西关中西部地区的传统民居以乡村书店的模式进行保护性再造，能够使本已"高龄化"的传统民居与时俱进，改善和优化其自身的使用环境，以当代与传统完美融合的方式实现对这一地区的传统民居这一宝贵的民间物质文化遗产的"活态化"保护与其中所富含的传统文化、地域文化、民俗文化等众多非物质文化遗产的"多元化"传承。

参考文献

艾嗣鹏：《耕读传家的大家庭、小社会》，《中国旅游报》2012年9月24日第6版。

白欲晓：《周公的宗教信仰与政教实践发微》，《世界宗教研究》2011年第8期。

（汉）班固：《汉书》，中华书局2007年版。

宝鸡市地方志编纂委员会：《宝鸡市志》，三秦出版社1998年版。

宝鸡县志编纂委员会：《宝鸡县志》，陕西人民出版社1996年版。

鲍世明：《乡村博物馆的主题展示策略研究》，硕士学位论文，中央民族大学，2020年。

曹军：《庄户人家的华表渭北高原的拴马桩》，《收藏》2016年第4期。

程俊英：《诗经译注》，上海古籍出版社2012年版。

丹纳：《艺术哲学》，人民文学出版社1963年版。

方静：《传统民居装饰在现代环境艺术设计中的应用研究》，硕士学位论文，昆明理工大学，2006年。

高敏芳：《关中天水经济区农民视野中新农村建设存在的问题和对策：对渭南新农村建设情况的调研》，《渭南师范学院学报》2011年第3期。

顾一凡：《论〈诗经〉中的"四灵崇拜"现象》，《华北电力大学学报》（社会科学版）2017年第2期。

国家文物局法制处：《国际保护文化遗产法律文件选编》，紫禁城出版社1993年版。

季文媚、牛婷婷:《徽州古建筑保护模式及应用研究》,《工业建筑》2014年第 5 期。

贾丹丹:《晋城地区传统民居门楼研究》,硕士学位论文,河北工程大学,2020 年。

贾倩:《中国古代数字中所蕴含的哲学思想》,《新疆教育学院学报》2016年第 6 期。

荆其敏、张丽安:《中国传统民居》,中国电力出版社 2014 年版。

雷册渊:《在乡村寻找"遗失的美好"》,《解放日报》2018 年 8 月 3日第 9 版。

李轲:《陕南传统民居建筑装饰艺术研究》,硕士学位论文,西安美术学院,2009 年。

李蒙:《陕北民居建筑装饰艺术探究》,硕士学位论文,西安建筑科技大学,2006 年。

李琰君:《陕西关中传统民居建筑与居住民俗文化》,科学出版社 2011年版。

李琰君:《陕西关中地区传统民居门窗文化研究》,科学出版社 2016年版。

凌宗伟:《学校文化与品牌建设的哲学思考》,《教育视界》2015 年第12 期。

刘俊杰:《河南省乡村博物馆研究》,硕士学位论文,河南大学,2019 年。

楼庆西:《中国建筑二十讲》,生活·读书·新知三联书店 2001 年版。

陆琪:《传统民居装饰的文化内涵》,《华中建筑》1998 年第 6 期。

陆元鼎、杨谷生:《中国民居建筑》(中卷),华南理工大学出版社 2003年版。

陆元鼎:《中国民居建筑》,华南理工大学出版社 2003 年版。

逯海勇、胡海燕:《传统宅门抱鼓石的文化意蕴及审美特色》,《华中建筑》2014 年第 8 期。

孟祥武:《关天地区传统生土民居建筑的生态化演进研究》,同济大学出版社 2014 年版。

庞无忌:《中国人均 GDP 突破 1 万美元》,2020 年 1 月,中国新闻网

（http：//www. chinanews. com/gn/2020/01 – 17/9062713. shtml）。

阮仪三、林林：《文化遗产保护的原真性原则》，《同济大学学报》（社会科学版）2003 年第 2 期。

（清）阮元：《十三经注疏·周礼注疏》，中华书局 1980 年版。

（清）阮元：《十三经注疏·周易正义》，中华书局 1980 年版。

盛光伟：《民间石刻在景观设计中的应用》，《当代艺术》2011 年第 12 期。

谭明：《本源乡土景观生态保护性考证——黄河原生态碾畔窑洞遗址博物馆环境艺术保护与设计》，《当代艺术》2008 年第 2 期。

王建国：《新型城镇化背景下中国建筑设计创作发展路径刍议》，《建筑学报》2015 年第 2 期。

王世舜、王翠叶：《尚书译注》，中华书局 2012 年版。

王竹、范理杨、陈宗炎：《新乡村生态人居模式研究：以中国江南地区乡村为例》，《建筑学报》2011 年第 4 期。

魏育龙：《宝鸡民间布艺的审美特征研究》，《艺术评论》2018 年第 12 期。

吴昊：《尺度的感悟》，中国建筑工业出版社 2011 年版。

吴昊：《陕北窑洞民居》，中国建筑工业出版社 2008 年版。

吴昊：《陕西关中民居门楼形态及居住环境研究》，三秦出版社 2014 年版。

吴则虞：《桓谭新论》，社会科学文献出版社 2014 年版。

奚洁人：《科学发展观百科辞典》，上海辞书出版社 2007 年版。

习近平：《在庆祝中国共产党成立 95 周年大会上的讲话》，2018 年 7 月，新华网（http：//www. xinhuanet. com/politics/2016 – 07/01/c_1119-150660. htm）。

邢若新：《人文介入乡村：创新型"乡村书店"服务乡村文化复兴与全面振兴》，《人文天下》2011 年第 9 期。

熊梅：《我国传统民居的研究进展与科学取向》，《城市规划》2017 年第 2 期。

徐元诰：《国语集解》，中华书局 2002 年点校本。

杨天宇：《周礼译注》，上海古籍出版社 2011 年版。

杨向奎：《宗周社会与礼乐文明》，人民出版社 1992 年版。

杨振之、谢辉基：《"修旧如旧""修新如旧"与层擦的文化遗产》，《旅游学刊》2018 年第 9 期。

姚永柱：《咸阳庄园》，陕西人民美术出版社 2008 年版。

殷伟：《福：中国传统的福文化》，福建人民出版社 2014 年版。

虞志淳：《陕西关中农村新民居模式研究》，博士学位论文，西安建筑科技大学，2009 年。

虞志淳、雷振林：《关中民居生态解析》，《建筑学报》2009 年增刊第 1 期。

虞志淳、刘加平：《关中民居解析》，《西北大学学报》（自然科学版）2009 年第 10 期。

张芳、王根杰：《皖南传统村落文化保护发展的 SWOT 分析》，《宝鸡文理学院学报》（社会科学版）2018 年第 3 期。

张建喜：《乔家大院砖雕艺术的文化意蕴》，《山西师大学报》（社会科学版）2009 年第 7 期。

张敬花、雍际春：《天水农村生态环境安全的现状与对策研究》，《社科纵横》2011 年第 9 期。

张犁：《关中传统民居门楼的成因及分布探究》，《西北农林科技大学学报》（社会科学版）2015 年第 1 期。

张旭红：《民宿酒店的发展方向探索》，《中国商论》2021 年第 2 期。

《中共中央国务院关于实施乡村振兴战略的意见》，《人民日报》2018 年 2 月 5 日第 1 版。

周传燕：《诗经时代的生育观：多子多孙的祈盼》，《齐齐哈尔师范高等专科学校学报》2010 年第 6 期。

周凌：《桦墅乡村计划：都市近郊乡村活化实验》，《建筑学报》2015 年第 9 期。

周旋：《民俗视野下的主题酒店研究》，硕士学位论文，南京师范大学，2015 年。

朱广宇：《中国传统建筑门窗、隔扇装饰艺术》，机械工业出版社 2008

年版。

（宋）朱熹：《诗集传》，中华书局 1958 年版。

朱向东、马军鹏：《中国传统民居的平面布局及其型制初探》，《山西
　　建筑》2002 年第 1 期。

后　记

我出生于传统民居星罗棋布的山西晋中，"瓦屋顶、青砖墙、木屋架"伴随了我的整个童年，也正是从这个时候开始我初识民居，并对这种建筑产生了深厚的情感。

2002年，我考入西安美术学院建筑环境艺术系，在老师的指导下，开始从专业的角度理解和研究我国的传统民居，通过实地考察和测绘，研究和探索对传统民居的保护和再造。二十余年中，无论学生时代，还是现在的教师身份，对传统民居的研究始终是我的兴趣所在。特别是在宝鸡文理学院任教的十六年里，我将研究视域锁定陕西关中西部地区，对这一地区的传统民居进行了较为详细地考察与测绘，并以它们为基点展开保护性创新设计。

梁思成先生说，"在建筑种类中，唯住宅与人生关系最为密切"，传统民居蕴藏着丰富的人类生活痕迹，是传承地域文化的关键要素，反映了当地的气候、地理、习俗等人文信息，是地域文化的载体。本书是我对这十余年间在陕西关中西部地区传统民居研究方面的一个阶段性总结。诚然，在目前的研究中还存在着很多空白，我还将继续对这一地区甚至整个关陇地区的传统民居进行更具深度和广度的研究，特别是要将与我国乡村振兴相互结合的研究继续下去，通过调查、测绘和再造来保护并传承正在逐渐消失的物质文化遗产，助力乡村振兴。

本书即将付印出版，在此感谢教育部人文社会科学研究项目的经费支持、感谢宝鸡文理学院美术学院领导和各位老师的关心与鼓励；特别感谢恩师吴昊教授不辞辛苦为本书作序，感谢本书编辑张玥女士的大力支持，感谢刘通、毕然、李丹丹、高松林等多位毕业生进行的测绘与本书中图纸的绘制；感谢上海西涛设计工作室、张雷联合建筑事务所、陕西迈克斯设计工程有限公司为本书提供的设计案列，使得本书顺利完成。

文中不足甚多，希望各位专家读者指正。本书还将四百余幅实地考察的图片以数字化形式呈现出来，以飨读者。

降 波

2022 年初春

（扫描二维码 观看多彩图片）